# 净水护岸技术与应用

何旭升 鲁一晖 马敬 廖宏骞 冀建疆 著

中国水利水电出版社
www.waterpub.com.cn

# 内 容 提 要

本书分析总结了我国城市护岸结构所经历的工程型护岸、景观型护岸和生态型护岸等三个发展阶段，指出随着我国现代化进程加快和城市规模的扩大，城市径流污染必然成为城市环保的核心问题，"净水型护岸"作为这一问题的有效解决措施之一，很有可能成为护岸结构的新发展方向，并在不久的将来在我国发展普及起来。

本书提出了较成熟的净水型护岸理念，对净水型护岸的设计原则进行了归纳，并设计开发了净水石笼护岸、柔性排护岸和净水箱护岸三种已获得发明专利权的净水护岸结构，初步形成具有广普性的净水型护岸技术体系。同时，本书通过试验研究，确认了以上三种净水型护岸结构的可行性。

## 图书在版编目（CIP）数据

净水护岸技术与应用 / 何旭升等著. -- 北京 ： 中国水利水电出版社，2016.1
ISBN 978-7-5170-4113-9

Ⅰ. ①净… Ⅱ. ①何… Ⅲ. ①净水－护岸－研究
Ⅳ. ①TV861

中国版本图书馆CIP数据核字(2016)第026193号

| 书　　　名 | **净水护岸技术与应用** |
|---|---|
| 作　　　者 | 何旭升　鲁一晖　马敬　廖宏骞　冀建疆　著 |
| 出 版 发 行 | 中国水利水电出版社 |
| | （北京市海淀区玉渊潭南路1号D座　100038） |
| | 网址：www.waterpub.com.cn |
| | E-mail：sales@waterpub.com.cn |
| | 电话：(010) 68367658（营销中心） |
| 经　　　售 | 北京科水图书销售中心（零售） |
| | 电话：(010) 88383994、63202643 |
| | 全国各地新华书店和相关出版物销售网点 |
| 排　　　版 | 中国水利水电出版社微机排版中心 |
| 印　　　刷 | 三河市鑫金马印装有限公司 |
| 规　　　格 | 184mm×260mm　16开本　9.5印张　225千字 |
| 版　　　次 | 2016年1月第1版　2016年1月第1次印刷 |
| 定　　　价 | **38.00元** |

# 前　言

　　在发达国家，点源污染基本得到有效控制，雨水径流带来的非点源污染已成为水体污染的主要因素。我国雨水径流引起的污染问题也很严重，按目前的发展趋势，城市降雨径流污染必将成为我国城市水体污染的主要因素。由于其随机性和不稳定性，以及城市地表的复杂性，使得城市降雨径流的控制和处理成为改善城市水环境的难点。

　　目前，国内外有很多净化径流雨水技术和河流强化净化技术，如果能将这些技术引入到护岸工程中，使护岸工程在满足人们对防洪、航运、景观和生态等需求的前提下，同时具有净化径流污染功能，使护岸成为低维护成本的净水廊道，即"净水型护岸"，实现护岸功能的"一专多能"，不仅可以减少资金投入，同时也不占用市区宝贵的土地资源，将会取得事半功倍的效果，并成为城市径流污染控制措施的有益补充。

　　本书由中国水利水电科学研究院流域水循环模拟与调控国家重点实验室资助。通过对净水护岸理念进行研究，为城市规划设计者在护岸结构设计工作中提供参考和借鉴，并通过对具有推广价值的净水护岸方案的提出、探讨和研究，以期促进其在我国城市护岸建设中的推广和应用，取得良好的社会效益和环境效益。特别考虑到我国加快城镇化进程和提高城镇化水平已成为一项基本国策，另一方面，我国正在掀起滨水景观建设开发的热潮，本研究的开展更具有重要的现实意义。

　　综合分析国内外同类研究的现状及其进展情况，本书的主要创新之处概括为以下几点：

　　1. 提出了较完整的净水护岸理念和技术体系

　　将净水型护岸（water - purifying revetment）定义为："净水型护岸是一种通过生物-生态技术来强化了净水功能的生态型护岸，即净水型护岸是以生物-生态技术为切入点，以护岸结构为载体，以强化护岸对水体尤其是径流污水净化能力为主要目的的生态型护岸。"

　　指出净水型护岸应属于"生态水工学"范畴，略有不同的是，净水护岸作为一项学科交叉的研究方向，在融合水利工程学和生态学原理和知识的同时，更突出环境工程学和景观美学。结合净水护岸设计方案归纳了净水护岸的设计原则：满足安全性、景观性（亲水性）、生态性的生态护岸设计原则；生物-生态修复技术与工程结构结合的设计原则；建设、运行和维护的经济性原则；因地制宜原则。

设计开发了三种已获得发明专利权的净水护岸结构，初步形成了可适用于多种运行条件的净水护岸技术体系：净水石笼护岸适用于净化已入河的径流污染物；柔性排护岸和净水箱护岸适用于净化入河前的径流雨水，柔性排护岸用于岸坡坡度小于45°的缓坡情况，净水箱护岸用于岸坡坡度大于45°的陡坡情况；净水箱护岸又可根据岸坡坡度45°~75°和75°~95°两种情况分别采取实施方案，用于新建和改建护岸工程。并通过试验研究，确认了三种净水护岸结构的可行性。

2. 开发了较成熟的净水箱护岸成套技术

对净水箱护岸结构和水下支撑鱼巢砌块、跳跃井、蓄水池、布水管等配套结构进行了系统设计，并对净水箱内的植物生长床、滤料、水生植物，以及净水箱护岸耐旱性、耐冻性、防蚊虫孳生和异味控制等环节进行了设计和研究论证。

确定了净水箱护岸在不同进水浓度、不同水力停留时间、不同植物组合、不同净水箱组合数和不同生长期的条件下对径流雨水中营养物和重金属的去除效果，为净水箱护岸的推广应用提供了设计依据。

3. 提出净水箱护岸净化径流雨水机理及进行野外应用研究

结合对陶粒进行的对氨氮、磷和铜的静态吸附解析性能研究，污水处理过程中净水箱中植物和微生物生长监测，以及污水基本理化指标 pH 值和 $D_0$ 值等进行的定量监测分析，对净水箱护岸净化径流雨水试验结果进行了机理分析。

结合实际降雨进行了净化雨水径流效果分析；通过与原草皮护坡上植物生长状况和昆虫等动物出现频率的对比监测，分析了净水箱护岸的生态效果和景观效果；对净水箱护岸的工程实施与稳定、运行与维护、适用范围与使用寿命等问题进行了系统分析。

随着我国城市从数量到规模上的不断扩大，一方面是人们对洁净的生态水体的渴望日益浓厚，另一方面却是非点源污染物对城市水体的污染日益加剧。近 20 年来，我国的河流治理工程以前所未有的速度不断更新着技术和理念，净水型护岸也很有可能成为护岸结构的新的发展趋势，并成为"生态水工学"框架内的一项重要研究内容。

作者

2015 年 10 月

# 目　　录

# 第1章 引 言

## 1.1 研究的背景和意义

降雨径流污染是在降雨径流的冲刷作用下，大气、地面和地下的污染物质进入水体而造成的水污染。

在发达国家，点源污染基本得到有效控制，雨水径流带来的非点源污染已成为水体污染的主要因素。如美国约有 60％的河流和 50％的湖泊污染与非点源污染有关；已实现污水二级处理的城市，水体 $BOD$ 年负荷约 40％～80％来自雨水径流[1,2]。美国环保局（EPA）最近资料还表明，在一些州约 22000 个被污染水体中，城市径流和其他非农业的非点源污染被列为主导污染源的占 18％以上[3]。

我国雨水径流引起的污染问题也很严重。在太湖、滇池等重要湖泊，非点源污染已成为水质恶化的主要原因之一[4]。城市雨水径流携带大量污染物进入城市水系也造成水体的严重污染[5-8]。李立青等[9]连续 3 年对武汉市汉阳城区降雨径流污染的监测研究表明，城市降雨径流向受纳水体输入的污染负荷占有很大的比例，在城市集水区尺度上，3 个没有实施截污工程的雨、污合流制集水区降雨径流输出的 $TSS$、$COD$、$TN$ 和 $TP$ 分别占集水区总污染负荷的 59.4％、26.3％、11.2％和 10.1％，非点源污染同样是引起城市水环境质量恶化的主要原因之一。

李田等[10]进行了初步估算，2010 年之前，北京和上海城区雨水径流污染占水体污染负荷的比例约占 10％左右。北京申奥、上海申博的成功加速了排水工程和污水处理厂的建设速度，2010 年规划实施后，北京城市雨水径流污染负荷的比例上升至 12％以上，上海上升至 20％左右。

城市雨水径流污染具有晴天累积、雨天排放，突发性、高流量、重污染的特征，且污染物组成复杂。考虑到径流污染物输送的非连续性和爆发性，其污染负荷所占比例在降雨的短时段内会成倍升高，甚至超过点源污染，对城市水体造成冲击性影响，严重制约城市水环境质量的彻底改善，许多城市暴雨后发生的水污染事件就是很好的例证[11]。

近二三十年来，城市雨水污染在发达国家受到广泛关注，许多国家对城市径流污染及控制进行了深入的研究，并制定了系统的法规、管理和技术体系。

美国在 20 世纪 70～80 年代，基本上成功地控制了点源污染，并开始重视非点源如雨水径流污染的控制。1981—1983 年，美国环保局（EPA）主持的"全美城市雨水径流项目"（Nationwide Urban Runoff Program）投入 1.5 亿美元，第一次大范围、大规模地对城市雨水径流的污染及控制技术进行研究，分 300 个课题在美国 22 个城市、81 个现场，共收集分析了 2300 场降雨数据资料，这是一项影响很大的研究。1995 年美国环保局用于控制非点源污染的财政拨款就达 3.7 亿美元[12]。在配套的城市雨水资源管理和污染控制第二代 BMP（best management practice）方案中，更强调与植物、绿地、水体等自然条件和景观结合的生态设计和非工程性的各种管理方法（表 1.1）。

表 1.1　　　　　　　　　　　　　美国城市雨水径流最佳管理办法
Tab. 1.1　　　　　　　　　Best management practice of urban runoff in US

| BMP 体系 | | BMP 体系 | |
|---|---|---|---|
| 工程（技术）方法 | 非工程（技术）方法 | 工程（技术）方法 | 非工程（技术）方法 |
| 雨水沉淀、调蓄池 | 相关法规制定实施 | 塘、湿地 | 控制废物倾倒 |
| 植被缓冲带 | 志愿者清理与监督 | 其他特殊设备等 | 控制管道非法连接 |
| 植物浅沟 | 土地使用规划管理 | | 雨水口的维护管理 |
| 渗透设施 | 材料使用限制 | | 对工程方法的检测管理 |
| 格栅 | 地面垃圾与卫生管理 | | 公众教育等 |
| 过滤设施 | 废物回收 | | |

德国在 20 世纪 90 年代已基本实现对城市雨水的污染控制，最典型的措施是修建大量的雨水池来截留处理合流制和分流制管系的污染雨水，以及采取分散式源头生态措施削减和净化雨水[13]。新西兰也不断完善对城市雨水水质水量的控制管理措施。如奥克兰地区 1983 年发布的研究成果已涉及到河流的生态、资源合理利用、河滨带的管理、景观设计和相关法律。2000 年又出版了控制雨水径流污染的技术手册[14]，也强调分散式现场选择性技术措施，如湿地、自然水道、河岸缓冲带、土壤渗透、天然植被带的利用等，为雨水径流污染控制提供了更完善的参考依据。

我国城市地表水环境非点源污染的研究起步较晚，20 世纪 80 年代初才开始对北京的城市径流污染进行研究，随后在上海、杭州、南京、苏州、成都、涪陵等城市也逐渐开展起来。但总体看，研究还显得薄弱，滞后于城镇建设与发展。城镇雨水利用和雨水径流污染控制，很大程度上要从基础设施建设着手，即在城镇建设与发展的同时，加以妥善解决，而相关的研究和规划更需超前[15]。我国目前在城镇规划和基础设施建设中，几乎都未认真考虑这部分雨水资源的合理利用和雨水径流污染的有效控制，排水系统的规划设计，还主要停留在如何尽快地将城镇雨水直接排放的传统观念上。我国在污水处理技术领域和发达国家的差距很小，但在涉及雨水资源利用和雨水径流污染控制的城镇排水系统和设施的规划、设计与建设，及相关的法规与管理等研究领域，车武和李俊奇[15]认为有近20 年的差距。因此，如何在结合国外先进经验和我国实际情况基础上，加强城市径流污染控制，实现雨水资源化，提出切实可行、经济实用的控制管理技术与方法，是我国现在和今后研究的重点。

按目前的发展趋势，城市降雨径流污染必将成为我国城市水体污染的主要因素，由于其随机性、不稳定性和城市地表的复杂性，使得城市降雨径流的控制和处理成为改善我国城市水环境的难点。

目前国内外有很多净化径流雨水技术和河流强化净化技术，如果能将这些技术引入到护岸工程中，使护岸工程在满足人们对防洪、航运、景观和生态等需求的前提下，同时具有净化径流污染功能，使护岸成为低维护成本的净水廊道，即"净水型护岸"[16]。实现护岸功能的"一专多能"，不仅可以减少资金投入，同时也不占用市区宝贵的土地资源，将会取得事半功倍的效果，并成为城市径流污染控制措施的有益补充。

在我国今后相当长的一个时期内，污染物含量超标的城市径流雨水通过排水系统进入城市水体的情况可能仍然普遍，或者说很难被根除。在此背景下，对新建和改建的护岸工程设计引入"净水型护岸"理念，在适当增加工程造价和运行维护费用的前提下，使其兼具有较强的净水功能，无疑是一种积极而有意义的尝试。本书通过对"净水型护岸"理念进行研究，为城市规划设计者在护岸结构设计工作中提供参考和借鉴，并通过对具有推广价值的净水护岸方案的提出、探讨和研究，促进其在我国城市护岸建设中的推广和应用，以期取得良好的社会效益和环境效益。

目前，中国城市化水平还很低，城镇人口占总人口的比例只有 33%，距发达国家有很大差距，距世界平均 46% 的水平也有较大距离。相对落后的城镇化水平已构成国民经济快速可持续发展的制约因素，因此，加快城镇化进程和提高城镇化水平已成为一项基本国策。另一方面，我国对以洁净的生态水体为核心的滨水景观建设和开发表现出了前所未有的热情。以苏州为例，1994 年苏州市政府与新加坡政府开始合资建设 23km² 金鸡湖滨水社区，作为吸引世界 500 强企业的投资基地，该社区由世界知名的香港泛亚易道公司规划，均采用国际标准并具有环保功能。同时，我国政府正在积极开发和推广节能环保产品和技术，可持续发展的理念已经浸入到国家发展建设的各个环节。在这种大背景下，净水护岸技术的开展更具有重要的现实意义。

## 1.2　城市雨水径流对河流污染的现状

### 1.2.1　城市雨水径流污染对河流的影响

从 20 世纪 60 年代起，美国、日本等发达国家已经对城市降雨径流污染开展了研究，我国对城市地表水环境非点源污染的研究起步较晚，20 世纪 80 年代初才开始对北京的城市径流污染进行研究，随后在上海、杭州、南京、苏州、成都、涪陵等城市也逐渐开展起来。

韩冰等[17]针对北京市区 2003—2004 年 12 场降雨的地表径流水质进行了监测，监测结果见表 1.2。从总体来看，将表 1.2 中的屋顶径流和路面径流的污染物浓度与我国 2002 年发布的地表水环境质量标准和污水综合排放标准相比较，可以得出几点结论：除屋顶径流的 TP 浓度在地表水 V 类要求的限值以内，其他屋顶径流和路面径流的水质指标浓度均超过了地表水 V 类要求的限值；TP 浓度无论来自屋顶径流还是路面径流均超过了污水综合排放的三级标准，屋顶径流的 $COD_{cr}$ 浓度在污水排放一级标准以内，路面径流的 $COD_{cr}$ 浓度在污水排放二级标准以内，来自屋顶径流和路面径流的 $BOD_5$ 浓度均未超过污水综合排放的三级标准，路面径流的 SS 浓度在污水排放的三级标准以内，而屋顶径流的 SS 浓度超过了三级标准。

表 1.2　　北京市城市地表径流中屋顶径流与路面径流污染程度的比较

Tab. 1.2　　**Comparison of runoff pollution between roof and road in Beijing City**

| 水质指标 | 屋顶径流/(mg/L)（样品数 $n=38$） | | | 路面径流/(mg/L)（样品数 $n=25$） | | |
| --- | --- | --- | --- | --- | --- | --- |
| | 最大 | 最小 | 平均 | 最大 | 最小 | 平均 |
| TN | 30.40 | 1.65 | 8.54 | 42.93 | 2.46 | 12.35 |
| TP | 1.470 | 0.002 | 0.306 | 1.792 | 0.018 | 0.457 |

| 水质指标 | 屋顶径流/(mg/L)（样品数 $n=38$） | | | 路面径流/(mg/L)（样品数 $n=25$） | | |
|---|---|---|---|---|---|---|
| | 最大 | 最小 | 平均 | 最大 | 最小 | 平均 |
| $COD_{Cr}$ | 330.48 | 24.00 | 97.83 | 366.67 | 20.67 | 116.24 |
| $BOD_5$ | 109.8 | 10.0 | 58.6 | 130.0 | 50.0 | 87.6 |
| $SS$ | 850.68 | 258.46 | 554.57 | 506.86 | 256.86 | 388.05 |

由此可以看出，北京市城市地表径流排入任何地表水体都会对其造成污染，且城市地表径流大部分水质指标已经达到了污水综合排放的三级标准，因此，对待城市地表径流应该如对待污水一样处理[17]。

李田等[10]对上海市区 2003—2005 年径流水质进行监测，获得的 22 次降雨事件特征数据见表 1.3。表 1.3 中各项水质参数的变差系数范围为 0.69～1.57，说明数据的离散程度较高。这是因为为保证调查结果的代表性，所选取的采样点涵盖了从商业区到住宅庭院不同污染程度的区域。上海城区地表上海城区地表径流中 COD、$BOD_5$ 和 SS 质量浓度中值或者均值均大大超过《城镇污水处理厂污染物排放标准》（GB 18918—2002）三级标准[18]，营养类污染物情况稍好。与国外相关研究结果相比，$BOD_5$ 与 $NH_3$-N 浓度之高更是突出。常静和刘敏等[19]对上海市区 2004 年 3 月 21 日和 6 月 24 日两场降雨监测表明，上海中心城区路面径流主要污染物为 TSS 和 $COD_{Cr}$，超出国家地表水 V 类标准四倍多；总磷超出 V 类水质标准两倍以上，氮素营养盐也受到不同程度的污染。

表 1.3　　　　　　　　　　　　上海市地表径流水质特性统计
Tab. 1.3　　　　**Statistic of runoff water characteristic in Shanghai City**

| 统 计 值 | COD | $BOD_5$ | SS | $NH_3$-N | TP | TN |
|---|---|---|---|---|---|---|
| 样本个数/个 | 56 | 41 | 56 | 49 | 20 | 19 |
| 最小值/(mg·L) | 16 | 3 | 37 | 0.32 | 0.07 | 1.92 |
| 最大值/(mg·L) | 2019 | 949 | 1033 | 20.60 | 1.53 | 25.09 |
| 中值/(mg·L) | 205 | 68 | 185 | 3.15 | 0.40 | 7.23 |
| 均值/(mg·L) | 336 | 124 | 251 | 4.85 | 0.57 | 7.74 |
| 变差系数 | 1.24 | 1.57 | 0.83 | 0.94 | 0.77 | 0.69 |

以上监测数据说明人口高度密集的上海市中心城区地面污染状况严重，因此，即使采用理想的分流制系统，不存在混接污水的影响，城区面源污染对城市水体水质的影响也是不容忽视的，特别是在发生了降雨排江事件的最初几天之内[10]。

北京和上海城区雨水水质分析结果在我国应具有一定的代表性。考虑目前北京和上海城市地面环境状况、大气质量等在我国城市中至少属于中上等，因此，从定量和定性两方面分析判断，我国主要城市径流污染比一些发达国家的城市径流污染程度明显严重。

城市雨水径流污染具有晴天累积、雨天排放，突发性、高流量、重污染的特征，且污染物组成复杂，考虑到径流污染物输送的非连续性和爆发性，其污染负荷所占比例在降雨的短时段内会成倍升高，超过点源污染，对城市水体造成冲击性影响，严重制约城市水环境质量的彻底改善，许多城市暴雨后发生的水污染事件就是例证[11]。

### 1.2.2　市政工程截污系统现状

市政工程截污系统主要分为截流式截污合流系统和分流式截污排水系统两大类[20]。

截流式截污合流系统是将生活污水、工业废水和雨水混合在同一套沟道内截流进入污水厂的系统。其缺陷是当雨水径流量随着雨量增大时，合流污水流量将超出截流干沟的输水能力，出现部分溢出溢流井的混合污水（CSO）直接排入城市水体的情况，从而造成水体污染。现在国内的老城区大多采用截流式截污合流系统，甚至还存在合流后直接排入城市水体的情况。

分流式截污排水系统是将污水和雨水分别在两套或两套以上各自独立的沟道内截污排除的系统，污水入污水厂进行处理，雨水由专用沟道直接排入河道。我国《室外排水设计规范》（GB 50014—2006）[21]规定新建区域的排水系统应当采用分流制。目前，我国的新建城市和重要的工矿企业采用分流式系统。

我国城市规划大多倾向采用分流制排水系统来一劳永逸地解决或减轻城市水体污染。但分流制排水系统耗资巨大，旧合流制管系改建为分流制周期长、难度大、影响面宽，且分流仍然存在雨水径流污染的隐患。以北京为例，其城区屋面、道路雨水径流污染都非常严重，初期雨水的污染程度通常超过城市污水[15]。城区的抽样调查还表明，雨水口被当作污水排放口，雨水井充塞垃圾的现象普遍；一些新建城市和城区采用的分流制还暴露出与污水管系的混接、错接等问题。晴天时雨水井和管道中滞留了大量垃圾和混接污水沉积物，在降雨过程中被初期雨水冲起排出。目前国内一些污水处理程度较高的城市，河湖水系雨水径流非点源污染严重，降雨后频繁出现水华现象，均与分流制管道雨水的直接排放有关[22]。

综上所述，我们可以看出目前国内正在使用的排水系统都不能对雨水径流污染进行有效的控制。

### 1.2.3　城市雨水径流污染特征

城市雨水径流污染特征可总结为以下两点。

#### 1. 随机性强，突发性强，污染径流量大，组成复杂多变

径流污染受水文循环过程影响和支配，对于我国同一城市，在不同年份和季节，降雨事件通常具有随机性和突发性，从而导致径流污染的随机性和突发性；而城市地表垃圾清扫和堆积情况、污染物的意外倾倒、排水系统污染物的沉积情况等不确定性因素，无疑又强化了城市径流污染的随机性和突发性。

城市雨水径流污染晴天累积、雨天排放，径流中污染物浓度受多个因素的影响，其中降雨量和降雨强度是两个重要因素，雨强越大，雨水对城市下垫面的冲刷就越强；在相同的污染物累积量条件下，降雨量越大，径流中污染物浓度越低[23]。径流污染物组成的复杂多变源于城市下垫面使用功能和状态的多样性。

城市径流污染来自分散的大面积市区，与区域的自然状况和降雨过程密切相关，随机性强，突发性强，污染径流量大，组成复杂多变，污染负荷时空变化幅度大，导致对径流污染的研究、控制和管理的难度很大。

**2. 初期径流污染物浓度高**

在一次降雨过程中，城市降雨径流污染的排放一般存在初期冲刷效应，径流中污染物浓度的峰值一般提前于径流的峰值[24]。所有污染物随降雨过程变化的总体趋势为雨水初期径流污染物浓度很高，随降雨历时的延长，污染物浓度逐渐下降并趋于稳定。初始浓度和达到稳定的浓度取决于汇水面性质、降雨条件、降雨的间隔时间和气温等多种因素[25]。

据北京 2000 年测试资料，当一场雨的降雨量少于 10mm 时，最初 2mm 降雨形成的径流中包含了此场降雨径流 COD 总量的 70% 以上。当降雨量大于 15mm 时，最初 2mm 降雨形成的径流中包含了其 COD 总量的 30%～40%。因此若将这部分体积较小但污染性很强的初期雨水径流分出，并使用多种方法对之进行分散型或集中型处置，那么雨水径流的污染总量能大大减少[26]。

## 1.3　国内外对城市径流雨水入河前的净化技术现状

目前在城市面源污染控制中，除了城市管理和法规制定等非工程（技术）方法外，多种工程措施也有广泛应用。尹炜等[27]提出由源处理、输移控制和汇处理组成的城市地表径流污染控制对策。赵建伟等[28]将多种径流污染控制技术归纳为植被过滤带、滞留/持留系统、人工湿地、渗透系统和过滤系统等类型。

### 1.3.1　植被过滤带

植被过滤带主要控制以薄层水流形式存在的地表径流，它既可输送径流，也可对径流中的污染物进行处理。小流量径流流经植被过滤带时，经植被过滤、颗粒物沉积、可溶物入渗及土壤颗粒吸附后，不仅流量得到大幅削减，而且径流中的污染物也得到部分去除。根据过滤带的断面形状不同可分为草地过滤带、植草洼地两种。Niva 等[29]认为绿化缓冲带的宽度应该大于 100ft（30.5m），坡度略小于 45°，这样才能对径流污染起到有效的控制作用。

### 1.3.2　滞留/持留系统

滞留系统包括地下水池、涵管、储水罐等，该设施一般修建费用较高。滞留系统在暴雨间歇期进行排空，以利于暴雨时最大限度地存储雨水径流；在暴雨结束后，将存储的雨水排入下游水体或雨水处理设施。该系统对颗粒物具有一定的去除效果，但大部分沉积的颗粒物在下次暴雨中会发生再次悬浮，所以滞留系统只用于对径流流量的控制，如要控制水质，还需与其他雨水处理设施结合使用。

持留系统主要指长期滞留水塘，由于塘内的雨水径流在暴雨间歇期不加以排空，所以其永久水面的存在提高了水生植物和微生物的除污效率，避免了沉积颗粒物的再悬浮。另外，持留系统中植物对重金属和营养物吸收、有机物挥发和基质入渗等机制都强化了系统对污染物的去除。持留系统可对流量和水质都加以控制。塘对颗粒物的去除效率很高，Edgar 等[30]的研究结果表明，一个设计和维护得当的沉积塘可去除城市地表径流污染物中 80% 以上的颗粒物。

### 1.3.3　人工湿地

近十几年来，人工湿地技术被广泛用于暴雨径流的处理。薛玉等[31]以沸石填料人工湿地系统来控制暴雨径流污染，试验运行结果表明，对暴雨水中 $NH_3-N$ 平均去除率在

85%以上。在城市地表径流处理中，人工湿地技术可以和其他技术灵活地组合使用，在径流进入湿地前可以通过修建过滤带、塘或沉淀池来加强对水中颗粒物的截留作用，在湿地后可以增加渗透措施对出水进行强化处理。单保庆等[32]对 22 场的降雨径流监测结果表明，由沉淀池、塘、一阶湿地和二阶湿地组成的系统对污染物表现出良好的持留能力，系统对 $TSS$、$COD_{Cr}$、TN 和 TP 的持留率分别达到 92.9%、96.0%、85.7%和 80.9%。

Tiney 等[33]对湿地处理城市暴雨径流能力进行了定量化研究，对流域（面积大于 1000hm²）、子流域（面积为 100～1000hm²）和领域（面积为 10～100hm²）三类汇水面进行的对比研究表明，领域需要湿地面积为总汇水面积的 2.3%～10.8%；子流域需要湿地面积为总汇水面积的 0.2%～4.5%；流域需要湿地面积为总汇水面积的 0.1%～2.5%。

### 1.3.4　渗透系统

渗透系统在暴雨期间可存储部分流量的径流，并在暴雨后使其逐渐渗入地下。其可对径流进行水质和水量两方面的控制，同时，还能对地下水进行补给。渗透系统通常包括渗坑、渗渠、多孔路面等。Sieker[34]的研究表明，在实际应用中将渗坑和渗渠组合使用后，可达到水量和水质的双重控制，最后的出水达到饮用水标准。Brattebo[35]和 Gilbert[36]等学者的研究表明，多孔路面对重金属、有毒有机物，氮、磷等湖泊富营养化物质都具有很好的去除效果。

### 1.3.5　过滤系统

过滤系统一般以砂粒、碎石和卵石为过滤介质。该系统主要进行径流水质的控制，去除其中的大颗粒物，因而与其他水量控制措施组合使用效果会更好。在使用中，可以在系统前加滞留塘对径流进行预处理，以减少大颗粒物对介质的堵塞。过滤系统主要采用地下管道收集出水。该系统多用于处理初期径流或较小汇水面积上的污染径流，通常分表层砂滤器和地下砂滤器两种类型。Isensee 等[37]用填充了土壤介质的过滤系统处理径流雨水，结果表明该系统对有机物和病菌有较好去除效果。

## 1.4　国内外对入河径流污染物的强化净化技术现状

对受污染的河流水体进行修复，已是社会经济发展及生态环境建设的迫切需要。我国的江河湖库水体污染主要包括氮磷等营养物和有机物污染两方面。目前国际上采用的净化技术主要有三类：①物理方法；通过工程措施，进行机械除藻、疏挖底泥、引水稀释等方式降低水中污染物的浓度，但往往治标不治本；②化学方法；如加入化学药剂杀藻、加入铁盐促进磷的沉淀、加入石灰脱氮等，但是易造成二次污染；③生物-生态方法；如放养控藻型生物、构建人工湿地和水生植被等技术。

开发生物-生态水体修复技术，是当前水环境技术的研究开发热点。董哲仁等[38]认为其实质上是按照仿生学的理论对自然界恢复能力与自净能力的强化，这是人与自然和谐相处的合乎逻辑的治污思路，也是一条创新的技术路线。达良俊和颜京松[39]指出"生态系统循环法"是进行"近自然型"水系和水景水质综合控制的重点技术。它通过构建"生产者—初级消费者—高级消费者—分解者"的完整水生生物链，将水中污染物质迁移出水体，起到净化和改善水质的作用。目前国内外使用最多的生物净化技术是投菌技术、曝气技术、生物膜技术、水生植物栽植技术等。

### 1.4.1　投菌技术

投菌技术是直接向污染水体中投入外源的污染降解菌,利用投加的微生物唤醒或激活水体中原本存在的可以净化的但却被抑制而不能发挥其功效的微生物。通过它们的迅速增殖,强有力地钳制有害微生物的生长和活动,从而消除水体有机污染和富营养化。该技术效果显著,操作简便,但需定期投药维持,且价格偏贵。

### 1.4.2　曝气技术

曝气技术是根据受污染河流缺氧的特点,人工向河道内充入空气,加速水体复氧过程,以提高水体的溶解氧含量,恢复水体中好氧微生物的活力,使水体自净能力增强。该技术设备简单、易于操作,被许多国家优先选用净化河流,但其需要持续耗能。

### 1.4.3　生物膜技术

生物膜法净化河流是根据天然河床上附着的生物膜的过滤作用及净化作用,人工填充滤料和载体,利用滤料和载体比表面积大,附着生物种类多、数量大的特点,从而使河流的自净能力成倍增长。目前可采用的方法主要有人工填料接触氧化法、薄层流法、伏流净化法、砾间接触氧化法、生物活性炭净化法等,田伟君[40]还开发了固定于河底的仿臭轮藻(*Chara foetida*)生物填料。其中,砾间接触氧化法使用天然材料为接触材,花费少,净化效果好,因此得到最广泛的应用。

砾间接触氧化法是根据河床生物膜净化河水的原理设计而成,通过人工填充的砾石,使水与生物膜的接触面积增大数十倍,甚至上百倍。水中污染物在砾间流动过程中与砾石上附着的生物膜接触、沉淀,进而被生物膜作为营养物质而吸附、氧化分解,从而使水质得到改善。

位于日本江户川支流坂川的古崎净化场,是采用生物-生态方法中的卵石接触氧化法对河道水体进行修复的典型工程,于1993年投入运行。坂川水质恶化,为治理坂川,采取工程设施将坂川改道,先流入古崎净化场。古崎净化场建在江户川的河滩地下,充分节省了土地,是地下廊道式的治污设施。净化场主体结构是高4.5m,长28m的地下矩形廊道,内部放置直径15~40cm不等的卵石。用水泵将河水泵入栅形进水口,经导水结构后水流均匀平顺流入甬道。另外有若干进气管将空气通入廊道内。表1.4列出了几项污染主要指标,经过古崎净化场后,坂川的污染减少了60%~70%,水质明显提高。

| 表 1.4 | 水 质 变 化 情 况 | | | |
|--------|--------|--------|--------|--------|
| Tab. 1.4 | **Water quality of inflow and outflow** | | | |
| 污染物 | $BOD$/(mg/L) | $SS$/(mg/L) | 氨/(mg/L) | 2 - MIB/($\mu$g/L) |
| 处理前 | 23 | 24 | 7.6 | 0.55 |
| 处理后 | 5.7 | 9.1 | 2.2 | 0.22 |

韩国良才川水质生物-生态修复工程和日本野川水质生物-生态修复工程也采用了与古崎净化场相同的卵石接触氧化法。与日本古崎净化场采用水泵引水相比,良才川利用拦河橡胶坝产生水压来引水,这种净化装置的优点是几乎不耗能,所以运行成本很低。与良才川采用拦河橡胶坝产生水压来引水相比,野川取水是因地制宜地利用自然水位差来实现的,不需动力,且减少了工程资金投入,更具有在性价比上的优越性。同时野川净化场还

在地下结构上面覆盖土砂，改造成为居民游憩的公园。

### 1.4.4　水生植物栽植技术

　　植物净水工程是以水生植物为主体，应用物种间共生关系和充分利用水体空间生态位和营养生态位的原则，建立高效的人工生态系统，以降解水体中的污染负荷。其中生态浮岛和浮床技术较人工湿地技术而言，其最大的优点就是不另外占地，较适合我国大多数河流无滩涂空间利用的特点。

　　生态浮岛是绿化技术与漂浮技术的结合体，植物生长的浮体一般由发泡聚苯乙烯制成，质轻耐用。岛上植物可供鸟类休息，下部植物根系形成鱼类和水生昆虫生息环境，同时还能吸收引起富营养化的氮和磷。璃因玛逊生态工程技术是对生态浮岛技术的扩展，其是在满足河道纳污排洪需要的前提下，利用生物链浮岛净化系统技术，在水面上种植经过严格筛选的多种当地植物，在水中放养或让其自然生成各种动物和微生物，使河流得到自净，恢复其自然生态。该技术已经在包括我国福州市白马支河在内的世界多个国家和地区得到应用。白马支河是福州市区内长 547m 的"断头河"。生态浮岛上栽培有沙草、蒙草、三白草、马齿苋和福州市常见的水竹、美人蕉等近 40 种植物，试验河道形成的绿地面积达 2352m²。该试验河道每天排入的污水约 5000t，进水水质 BOD 为 80～120mg/L，经处理后的 BOD 小于 11mg/L，昔日的恶臭已基本消失，河道内多样性的生物链已经形成，一个水上湿地公园初现雏形。采用该技术治理生活污水与传统的二级活性污泥处理技术相比有以下优点：一是不另外占地，处理设施就浮在水面上；二是减少了城镇污水管网建设和运转费用，污水可以直接排入内河进行处理；三是建成的人工湿地为城镇增添了新的景观。

　　植物浮床技术是采用生物调控法，利用水上种植技术，在以富营养化为主的污染水体水面种植粮食、蔬菜、花卉等各类适宜的陆生植物和湿生植物。在收获农产品、美化环境的同时，通过植物根系的吸收和吸附作用，富集氮、磷等元素，同时降解和富集其他有害物质，并以收获植物体的形式将其搬离水体，从而达到变废为宝、净化水体的目的。1999年中国水稻研究所在太湖水污染重灾水域五里湖内实施治污工程，建立了 3600m² 独立于大水体的试验基地，利用美人蕉、旱伞草等陆生植物治理湖泊富营养化获得成功，水质均由原来的劣于Ⅴ类上升到Ⅲ类。

## 1.5　河流护岸结构发展

　　河流护岸建设是"水利工程学"的一个重要内容。人类需要保护河道及其他水道的岸坡，这可以追溯到人类的早期文明。经过上千年的发展已形成了多种保护方式，许多应用天然材料的传统保护方法至今还发挥着重要作用，同时现代化的材料和工程系统正不断地发展和完善。护岸结构有多种分类方法，如根据使用的主要护岸材料可分为植物护岸、木材护岸、石材护岸、石笼护岸和混凝土护岸等多种类型；也可根据河道的断面形式可分为梯形护岸、矩形护岸、复合型护岸和双层护岸等类型。

　　本书在此提出了能反映护岸发展阶段的新分类方法，即不管护岸工程采用何种材料和结构形式，按设计出发点和目的的不同，我国现有的护岸形式可划分为工程型护岸、景观型护岸和生态型护岸等三种护岸类型。

### 1.5.1　工程型护岸

　　工程型护岸指确定加固处理岸坡方案仅出于防洪、输水和航运等工程需要，将原有天然岸坡改造为混凝土、砌石等为代表的刚性工程护坡。混凝土、浆砌块石等建筑材料的广泛采用原因是这些材料的抗冲、抗侵蚀性及耐久性好，同时对于输水的人工运河，还可减低糙率，提高输水效率，减少渗透损失。这种结构从传统的工程水利角度来看，是安全、经济和有效的，但它同时也破坏了原有的岸坡自然生态系统及其相应功能。

硬质化的护坡结构隔断了地表水与地下水的联系通道，阻碍了向地下水的补水过程，使大量水陆交错带的植物失去生存条件，同时也影响岸坡土壤中微生物的生存；另外，人工护坡的光滑表面也改变了原来天然岸坡的多孔特性，使鱼类难寻产卵的适宜场所[41]。典型的河流工程型护岸见图 1.1，我国在十年前所建设的河流护岸基本上为此类型。

图 1.1　河流硬质护岸

Fig. 1.1　River horniness revetment

图 1.2　北京昆玉运河景观护岸

Fig. 1.2　Landscape revetment of Beijing Kunyu Canal

### 1.5.2　景观型护岸

景观型护岸也可称为亲水型护岸，是指确定加固处理岸坡方案时不仅考虑工程的安全性、经济性和有效性，同时还要满足人的视觉感观享受，提供人们一个亲水的空间。景观型护岸是在工程型护岸基础上的功能延伸，但对岸坡自然生态系统同样有破坏作用。以北京昆玉运河景观护岸（图 1.2）为例，其采用了仿古汉白玉护栏和人工草皮护坡，且由于结构为二层台式，使人可以很容易接触到水体，进行游泳和垂钓等娱乐活动。以上做法虽然使河道整洁、美观，但人们看到的是禁锢在水泥槽中的人工河，而不是自然中的河流[42]。目前，我国正掀起建设景观型护岸的热潮。

### 1.5.3　生态型护岸

生态型护岸是指确定加固处理岸坡方案时不仅考虑工程的安全、经济和有效性和人的需要，同时还要考虑生态问题和环境问题，注意保存和增加生物的多样性和食物链的复杂性，积极为水生动物、两栖动物和昆虫等提供栖息空间。

目前，国内的一些河流治理已应用了生态护岸[43-48]，研究试验工作正在一些高校及科研院所展开，并取得了一定的成就。刘滨谊等[49]提出护岸规划设计的四大核心内容为：提升生态环境、结构稳定安全、视觉景观美化和亲水可游。俞孔坚等[50]以中山岐江公园为例进行了水位多变情况下的栈桥式生态护岸设计，该护岸由梯田式种植台、临水栈桥和水际植物群落三部分组成，实现了工程安全性、亲水和生态等多重效果。

日本一坂川护岸改造工程中为实现原氏萤火虫回归，根据萤火虫繁衍特点（图1.3）采取了如下综合措施[51]：①创造靠近水边的苔藓生长环境，潮湿而柔软的苔藓可为萤火虫提供产卵场所；②为保护幼虫不被冲走，建造小的落差和蛇行弯曲，形成缓急有致的水流；③尽量多造一些蛹化用的填土接缝；④在靠近水流的地方种植萤火虫喜爱栖息的水芹、艾蒿、龙须草和柳树等植物。改造后的一坂川护岸效果如图1.4所示。

图 1.3　萤火虫繁衍循环示意图

Fig. 1.3　Circulation of firefly multiplication

图 1.4　日本一坂川萤火虫回归改造护岸

Fig. 1.4　Reconstructed revetment for firefly return in Japan

　　常用的生态型护岸结构和材料汇总如下[52-56]：

$$
\text{生态型护岸常用结构或材料}\begin{cases}
\text{笼石结构：铁丝石笼护岸，木石笼护岸，面坡箱状石笼护岸}\\
\text{网格反滤生物工程}\\
\text{土工网复合植被技术（草皮加筋技术）}\begin{cases}\text{土工网垫固土种植基}\\ \text{土工格栅固土种植基}\\ \text{土工单元固土种植基}\end{cases}\\
\text{植被型生态砼}\\
\text{水泥生态种植基}\\
\text{多孔质护岸}\\
\text{多自然型护岸}
\end{cases}
$$

**1. 笼石结构生态型护岸**

　　此法为一传统型护岸方法，在 20 世纪 90 年代得到了广泛的应用。该法将方形式圆柱形的铁丝笼内装满直径不太大的自然石头，利用其挠性大，允许护堤坡面变形的特点用作为边坡护岸以及坡脚护底等，形成具有设定抗洪能力并具高孔隙率、多流速变化带的护岸。单纯的石笼是优良的护岸材料，但只有待泥沙淤积，茂密的水生植物（人工种植或自然生长）在其间生长之后，才能发挥作为鱼类和水生昆虫生存场所的多重效果。与此同时，植物繁茂的根须可紧缚土壤、增强抗洪能力，且在铁丝腐蚀前就裹住了石笼石材，石笼寿命得以延长。

　　目前笼石结构在防锈蚀措施方面做出了改进。一是通过加大镀锌量来克服网笼易锈蚀的缺点；二是附加保护是在镀锌表面外加 PVC 涂层，以用于腐蚀环境中。根据国外的应用情况，PVC 涂层的镀锌钢丝网笼在较差的水环境中寿命达 60 年以上。美国自然资源保护署（NRCS）推荐，在 pH 值小于 5.5 的酸性环境中和在 pH 值大于 11.0 的碱性环境中使用 PVC 涂层的镀锌钢丝材料。

因为采用网笼定型产品，不需现场编制，在施工现场安装更简便，工人不需要特别技术就可很方便快捷的安装好符合要求的网笼产品，工程质量容易控制。其一个最大的优点就是它比较适合于流速大的河道，抗冲刷能力强、整体性好、适应地基变形能力强，避免了预制的混凝土块体护坡的整体性差和现浇混凝土护坡与模袋混凝土护坡适应地基变形能力差的弱点，同时又能满足生态型护坡的要求，即使进行全断面护砌，生物与微生物都能照样生存。

总体上来说，笼石结构由于采用增加钢丝镀锌厚度及 PVC 涂层，以提高网笼的防锈蚀性，延长笼石结构寿命，使材料费增加较大。但在一般护岸工程条件下，浆砌石结构和笼石结构相比，如浆砌石结构的基础处理难度越大，浆砌块石料的运距越远，则笼石结构施工简便、填料卵石容易获得的优点就越显突出，笼石方案就显出其较好的综合经济性。计划类似于其他形式的挡墙，笼石挡墙的结构设计的漓江护岸笼石挡土墙试验段——杨梅坪堤段，其笼石方案和浆砌石方案的投资比较结果：笼石方案投资 516 万元，浆砌石方案投资 522 万元。与浆砌石挡墙方案相比，笼石挡墙方案材料费虽高，可总的工程费用却略低，对漓江风景区，笼石结构有其经济优越性。

**2. 土工网复合植被技术**

在冲刷不很严重的岸坡上如采用网笼垫块护岸，则结构安全有余而景观尚欠自然，费用也高。新兴的复合植被技术（或称草皮加筋技术）提供了解决这一问题的方向，而该技术本身又是近年来土工材料往高强度长寿命方向研究发展的产物。

复合植被是在纯草皮存在易遭受强降雨或常年被坡面径流的冲蚀而导致边坡失稳、滑坍等缺陷的基础上发展起来的，是在土质边坡上铺一层三维高强土工塑料网，并用 U 形钉固定，然后种植草籽或草皮，当植被生长茂盛后，高强土工网有使草更均匀地、更紧密地生长在一起，形成牢固的网、草、土整体铺盖，对坡面起到浅层加筋的作用，从而防止坡面被暴雨冲刷并阻止坡面表层土体滑动。由于密集植被根系和高强土工网紧密交织、共同作用，加筋草皮能够抵抗 4m/s 的坡面流速冲刷达 50h 之久。

（1）土工网垫固土种植基。土工网垫固土种植基主要由聚乙烯、聚丙烯等高分子材料制成的网垫和种植土、草籽等组成。固土网垫是由多层非拉伸网和双向拉伸平面网组成，在多层网的交接点经热熔后黏结，形成稳定的空间网垫。该网垫质地疏松、柔韧，有合适的高度和空间，可充填并存储土壤和砂粒。植物的根系可以穿过网孔均衡生长，长成后的草皮可使网垫、草皮、泥土表层牢固地结合在一起。固土网垫一般可由人工铺设，植物种植一般采用草籽加水力喷播技术完成。

（2）土工格栅固土种植基。主要是用土工格栅进行土体加固，并在边坡上植草固土。土工格栅是以聚丙烯、高密度聚乙烯为原料，经挤压、拉伸而成，有单向、双向土工格栅之分。设置土工格栅，增加了土体摩阻力，同时土体中的孔隙水压力也迅速消散，所以增加了土体整体稳定和承载力。而且，由于格栅的锚固作用，抗滑力矩增加，草皮生根后草、土、格栅形成一体，更加提高了边坡的稳定性。

（3）土工单元固土种植基。利用聚丙烯、高密度聚乙烯等片状材料经热熔黏结成蜂窝状的网片整体，在蜂窝状单元中填土植草，达到固土护坡的作用。

**3. 网格反滤生物工程**

网格反滤生物组合护坡，即在坡面上砌筑方格，在格内栽种固土植物，可以选择的主要有：沙棘林、刺槐林、墨穗醋栗、黄檀、胡枝子、池杉、龙须草、金银花、紫穗槐、油松、黄花、常青藤、蔓草等等，在长江中下游地区还可以选择芦苇、野茭白等，可以根据该地区的气候选择适宜的植物品种。

该护坡工程特点是投资少，见效快，易排水，防冲刷，抗冻涨，为土渠衬砌创出一条既经济又实用的新技术。引滦入唐工程，1993 年网格反滤生物组合护坡试验成功。

**4. 植被型生态混凝土**

植被型生态混凝土是日本近年在河道护坡方面作出的研究，主要由多孔混凝土、保水材料、难溶性肥料和表层土组成。多孔混凝土由粗骨料、混有高炉炉渣和硅灰的水泥、适量的细料组成，是植被型生态混凝土的骨架。保水材料常用无机人工土壤、吸水性高分子材料、苔泥炭及其混合物。表层土铺设有多孔混凝土表面，形成植被发芽空间，同时提供植被发芽初期的养分。在城市河道护坡或护岸结构中可以利用生态混凝土预制块体做成砌体结构挡土墙，或直接作用为护坡结构。

**5. 水泥生态种植基**

水泥生态种植基在国内国外均有研究。它是由固体、液体和气体三相组成的具有一定强度的多孔性材料。固体物质主要包括适合于植被生长的土壤、肥料、有机质及由低碱性的水泥、河砂组成的胶结材料等。在种植基固体物质间，由稻草秸秆等成孔材料形成孔隙，以便为植物提供充足的水分和空气。在种植基内还可填充保水剂，保持植物在常日照坡面能很好生长。

**6. 多孔质护岸**

多孔质护岸形式主要有用混凝土预制件构成的各种带有孔状的适合动植物生存的护岸结构，如不规则鱼巢结构、盒式结构、自然石连接等结构形式。多孔质护岸大多是预制构件，施工方便，既为动植物生长提供了有利条件，又抗冲刷，是生态护岸中较有代表性的一类护岸型式，该种护岸在日本研究应用比较多，国内较少。

从护岸所考虑因素侧重的角度可以把环境护岸划分为生态型护岸和景观型护岸。多孔质护岸兼顾了生态型护岸和景观型护岸的要求，从而成为值得推广的新型护岸。

对于不同类型的护岸（此处按陡坡护岸、缓坡护岸和抗冲护岸来划分）有不同的结构，常用的几种简列如下：

多孔质护岸 $\begin{cases} \text{陡坡护岸：混凝土预制件四种（圆形、方形、有棱角的、长条石）} \\ \text{缓坡护岸：将石头用铁丝穿起来（盒式结构）} \\ \text{抗冲护岸：自然石平铺（应用于大河川、小河川，用于护岸，护底）} \end{cases}$

多孔质护岸优点在于：多为预制件结构，施工简单快捷；多孔结构符合生态设计原理，利于植物生长，小生物繁殖；有一定的结构强度，耐冲刷；对护坡起着保护作用，防止泥土的流失；对于水质污染有着一定的天然净化作用。

**7. 多自然型护岸**

目前，在国内外河流治理工程中，对于流路短、冲刷不太严重的河流，护岸趋向于以自然的植被、原石、木材等材料来替代混凝土，尽量创造多自然型的河道，在日本和台湾这种被称作"近自然工法"和"生态工法"的河道治理方法比较普遍。如朝仓川（丰桥市）的河道整治工程，以纵横圆木作水下部分的护岸，为水生物提供良好的生态空间。在水流冲刷部的岸边堆上较大的天然石块，以抵抗水流的冲刷；鞍流瀬川（大府市）的防洪工程，以天然石块做护岸保证河岸不被洪水冲坏。河床里种上柳树等树木，洪水来时柳树会顺势倒下，对河道行洪不会造成大的阻碍。野生的芦苇、真蔬等水生植物和柳树一起构成了河道的绿色景观，同时保护了昆虫、鱼类的生息环境。再如台北市南港四分溪整治工程采用了半重力式结构护岸，表面以天然块石衬砌；型框护岸除稳定步道基脚，维护步道畅通外，还可种植绿化；台湾的七家湾溪河川治理中，采用蛇笼加筋格网护岸形式。我国以自然块石堆砌护岸的例子也为数不少，如杭州市古荡沿山河、浙江绍兴县鉴湖、杭州市古新河、杭州市冯家桥河和天台县始丰溪等。

## 1.6 净水型护岸理念引出及护岸净水功能研究现状

### 1.6.1 净水型护岸理念引出

通过城市径流污染对城市水体影响分析可以看出，城市降雨径流污染必将成为我国城市水体污染的主要因素；另一方面，无论是采用分流制还是合流制排水系统，都不能彻底地解决径流污染对城市水体的负面影响；城市径流污染来自分散的大面积市区，随机性强，突发性强，污染径流量大，组成复杂多变，污染负荷时空变化幅度大，使得城市降雨径流的控制和处理成为改善城市水环境的难点。

通过对现有国内外对入河前的径流污染物净化技术综述可以看出，城市面源污染控制技术种类较多，且各有其优缺点。包括滞留/持留系统和人工湿地等技术的汇处理措施，在有效控制径流水量和水质的同时，还可支持雨水资源集中储存后的再利用，但其实施难度也很大；一定规模的地下储水设施通常耗资巨大、施工周期长，而人工湿地和长期滞留水塘需要较大占地面积，这与我国城市用地普遍日益紧张的趋势相背离。包括植被过滤带、渗透系统、过滤系统等技术的源处理措施，将城市径流污染化整为零，就近处理，可操作性强，是减轻城市污染负荷最经济有效的办法；但由于操控面要遍及市区，无论从实施方面还是管理维护方面都具有一定难度。

通过对现有国内外对入河径流污染物的强化净水技术综述可以看出，以砾间接触氧化法为代表的生物膜技术和以生态浮岛为代表的水生植物栽植技术有其他多种净水措施所不可比拟的优点，非常适合我国污染河流众多又缺少治污资金的客观条件，有很高的推广应用价值。但另一方面，以上技术是以净化水体为主要目的的专项工程，使其在我国的推广和应用在一定程度上受到限制。

目前在我国，从大、中城市到小城镇，从新城区到老城区，城市连接河道岸坡的排水管沟系统基本上是完整和系统的；另一方面，由于新城区建设和老城区改造，出现了大批新建和改建的护岸工程。是否存在利用现有的排水管沟系统和待建的护岸工程，在雨水径流进入河道的最后环节，对护岸结构加以适当改进来控制径流污染的可能性呢？

如前所述，目前国内外有很多净化径流雨水技术和河流强化净化技术，如果能将这些技术变通地引入到普遍需要建设的护岸工程中，使护岸工程在满足人们对防洪、航运、景观和生态等需求的前提下，同时具有净化径流污染功能，使护岸成为低维护成本的净水廊道，即"净水型护岸"[16]，实现护岸功能的"一专多能"，不仅可以减少资金投入，同时也不占用市区宝贵的土地资源，将会取得事半功倍的效果，并成为城市径流污染控制措施的有益补充。

随着我国城市从数量到规模上的不断扩大，一方面是人们对洁净的生态水体的渴望日益浓厚，另一方面却是非点源污染物对城市水体的污染日益加剧。正如在本书 1.3 节护岸沿革中归纳的工程型护岸、景观型护岸和生态型护岸等三个发展阶段一样，近 20 年来，我国的河流治理工程以前所未有的速度不断更新着技术和理念，"净水型护岸"也将成为护岸结构的新的发展类型和发展趋势。

### 1.6.2 国内外对护岸的净水功能研究现状

目前，国内外学者对护岸的净水功能研究工作，主要集中在自然原型护岸中滨水植被缓冲带对水体污染物质的净化效应和截留容量，特别是水生植物对农业非点源氮和磷的阻隔作用[57-64]。在国内外城市河道中，由于历史上对河道航运、取水和耕种等多种需求，普遍形成了现在对河道断面的压缩格局，城市水体滨水带鲜有自然河道的平缓岸坡，在这种情况下，单纯植草或种植灌木而缺乏工程防护措施是不能满足城市防洪需要的。

目前对城市水体护岸而言，国内外的研究工作主要集中在城市水体护岸的生态和景观功能上，对护岸的净水功能研究较少，而对净水功能进行强化的护岸研究工作更少。

王艳颖等[65]对林庄港木栅栏砾石笼生态护岸的水环境改善效果进行了监测，在长度为 200m 的监测河段，河道水体中 $COD_{Mn}$、TN 和 TP 的浓度分别下降 10.1%～20.7%、9.5%～13.9% 和 10.2%～21.1%，污染物浓度沿程降低较为明显。如能够在以上木栅栏砾石笼生态护岸中引入高生物量的水生植物，则护岸的净水作用会得到进一步强化。

陈庆锋等[66]利用生态混凝土作为护坡材料控制降雨径流污染，研究结果表明，生态混凝土试验小区与裸地和改良土壤小区相比，TN 年度污染负荷（UPLRs）分别减少了53% 和 45%，溶解态氮（DN）减少了 26% 和 28%，TP 减少了 57% 和 30%，溶解态磷（DP）降低了 80% 和 33%，COD 降低了 62% 和 40%，TSS 降低了 56% 和 43%，但同植被覆盖良好的小区相比，生态混凝土对各种污染指标的控制效果没有明显差异，由于其抗冲刷能力较强，更能适应城市护坡的需要。

王超等[20]曾提出在护岸的石笼结构前部固定生物活性炭填充柱的方案，来强化护岸的净水效果。该方案发挥了活性炭比表面积大、吸附性能好的特点，使之作为良好的生物膜载体来去除河水中的污染物，进而强化了护岸结构的净水效果；但该方案实施的高资金投入和高维护费用使其大规模推广应用受到限制。

## 1.7 研究内容、方法及技术路线

### 1.7.1 研究内容

#### 1. 净水型护岸理念与技术探讨

将城市径流污染对城市水体的危害情况、国内外在治理城市径流污染方面的研究进展和城市护岸结构应用情况进行综合分析，提出"净水型护岸"理念，并对"净水型护岸"概念及内涵进行探讨；通过对用于净化径流雨水的分别适用于缓坡和陡坡的柔性排护岸、净水箱护岸，以及用于净化入河径流污染物的净水石笼护岸等三种典型净水护岸方案的提出、研发和探讨，来支持"净水型护岸"理念的可行性，并借此对净水型护岸的设计原则进行归纳和总结。同时，通过对净水箱护岸的深入研究来探索净水型护岸的可行性。

**2. 净水箱护岸处理雨水径流污染技术研发**

针对城市水体护岸普遍陡直的特点，进行净水箱护岸结构和配套结构支撑鱼巢砖、跳跃井、蓄水池和布水管设计，该整体结构不仅能够对城市径流雨水和合流管系溢流（CSO）有良好的净化效果，同时必须在工程角度上是安全可靠的，且美观大方、可创造丰富的水边生境。细部研究工作包括对净水箱内的植物生长床进行研发、对滤料吸附性能的试验研究、可适应净水箱内生长条件的水生植物的选择试验研究、耐旱及耐冻研究、蚊虫孳生和异味控制研究。

**3. 净水箱护岸净化径流雨水试验及机理研究**

根据城市降雨径流污染的特点和实际应用中可能的使用条件，确定试验方案，对污水处理过程中净水箱中植物和微生物生长状况进行定量描述，并对污水处理过程中污水基本理化指标 pH 和 $D_0$ 进行定量分析。结合以上试验过程中的相关背景资料和数据，分别就净水箱对氮、磷和以铜、锌为代表的重金属的去除效果进行如下综合性的试验分析：

（1）不同进水污染物浓度对去除率的影响。

（2）不同水力停留时间（HRT）对去除率的影响。

（3）不同植物组合对去除率的影响。

（4）不同净水箱组合数对去除率的影响。

（5）不同植物生长期对去除率的影响。

**4. 净水箱护岸应用研究**

针对北京市区京密引水渠护岸实际条件进行应用研究。选用 2007 年 9 月 13 日的降雨进行雨水径流净化试验和效果分析。通过与原草皮护坡上植物生长状况和昆虫等动物出现频率的对比监测，分析净水箱护岸的生态效果和景观效果。对净水箱护岸的工程实施与稳定、运行与维护、适用范围与使用寿命等问题进行系统分析。

## 1.7.2 研究方法

本研究将水利工程学、生态学、环境工程学和景观美学相结合，主要采用文献分析、模拟试验研究、试验测试分析、现场应用试验、现场调查分析以及数值统计分析等研究方法。

## 1.7.3 研究技术路线

本研究以目前国内外广受关注的城市径流污染为切入点，以"生态水利工程学"理论为指导思想，提出了去除城市径流污染物的净水型护岸理念，对"净水型护岸"概念及内涵进行了探讨，进而提出了适用于不同应用条件的净水护岸体系。并通过对净水箱护岸的深入研究来探讨净水型护岸的可行性。对净水箱护岸的研究思路从三个层次展开：一是对净水箱护岸的相关结构和材料进行设计研发；二是净化径流雨水模拟试验及机理研究；最后通过现场试验对其实际应用效果进行了检验，并分析总结了相关的应用问题。本书的研究技术路线如图 1.5 所示。

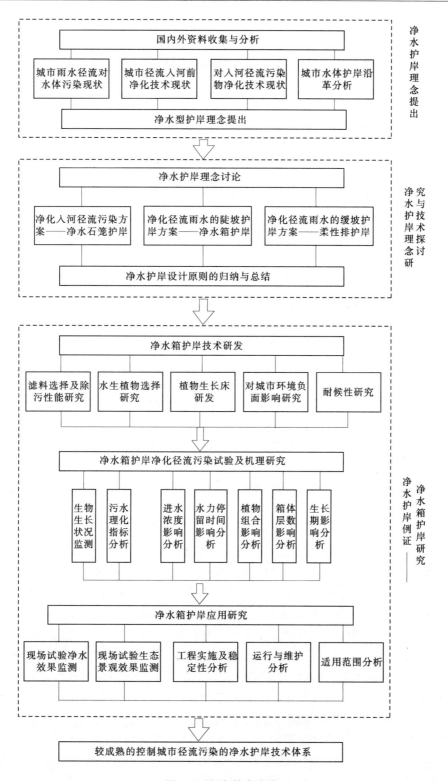

图 1.5 研究技术路线

Fig. 1.5 The techncal route of research

# 第2章 净水型护岸技术探讨

## 2.1 关于净水型护岸理念的讨论

### 2.1.1 净水型护岸的定义与内涵

从工程型护岸到景观型护岸，再到生态型护岸的三个发展阶段，可以看出设计者按照自身的设计意图来灵活地组织材料和设计结构，而设计意图的发展源于社会经济发展的水平以及人们在一定社会条件下形成的生活方式和价值观念。

进入 21 世纪后，我国经济跨上了一个新台阶，在全国范围内也掀起了建设城市滨水景观和住宅区生态水景的热潮，体现出人们对生态水体前所未有的热情，而人们接受这些生态水体的最重要的前提条件就是"水清"。随着我国城市城镇化水平的不断提高，一方面是人们对洁净的生态水体的渴望日益浓厚，另一方面却是非点源污染物对城市水体的污染日益加剧，"治污"可能在相当长一段时间内成为我国城市规划设计者进行河道治理的首要任务。所以"净水型护岸"作为一种净化径流污染的辅助措施，完全有可能成为城市水体护岸结构的第四个发展阶段，并在我国逐步得到发展普及。

从工程型护岸到景观型护岸，再到生态型护岸，各个发展阶段不是简单的替代，而是继承上一级功能基础后的进一步功能延伸，即景观型护岸首先必须是工程型护岸，然后再谈景观；生态型护岸必须是满足了工程上的需求和人的审美、亲水需求后，再考虑增加生物栖息地的多样性，进而带动生物多样性。所以，可以认为净水型护岸应该是在生态型护岸基础上的功能延伸，即净水型护岸首先必须是生态型护岸。正如只强调景观效果而忽视安全稳定的护岸结构不能长期有效使用一样，只强调净水效益而忽视生态效益的护岸设计同样是没有生命力的。

城市雨水径流污染的产生是人类活动对自然水文生态过程作用的结果，是水文生态系统的失衡过程。通过采取模拟自然的生物-生态技术，按照自然界自身规律去恢复自然界的本来面貌；通过强化自然界的自净能力去治理被污染水体，使城市水文生态达到良性循环，无疑是最佳选择。砾间接触氧化法、浮床技术、植物过滤带和湿地技术等简单易行的生物-生态方法是净水型护岸用以净化径流污染的主要措施。

净水型护岸应该是在生态型护岸基础上的功能延伸。Coppin 等[68]把生态护岸定义为"用活的植物，单独用植物或者植物与土木工程措施和非生命的植物材料相结合，以减轻坡面的不稳定性和侵蚀"。陈明曦等[69]认为，生态护岸是现代河流治理的发展趋势，是以河流生态系统为中心，集防洪效应、生态效应、景观效应和自净效应于一体，以河流动力学为手段而修建的新型水利工程。

通过以上分析，本书将净水型护岸（water–purifying revetment）定义为："净水型护岸是一种通过生物-生态技术来强化了净水功能的生态型护岸，即净水型护岸是以生物-生态技术为切入点，以护岸结构为载体，以强化护岸对水体尤其是径流污水净化能力为主要目的的生态型护岸。"

在我国，董哲仁[67]于 2003 年提出了"生态水利工程学"（eco - hydraulic engineering）的理论框架。生态水利工程学简称为"生态水工学"，其作为水利工程学的一个新的分支，是研究水利工程在满足人类社会需求的同时，兼顾水域生态系统健康性需求的原理与技术方法的工程学。发展生态水工学的目的，是促进人类与自然相和谐，保证水资源可持续利用。生态水工学是一门交叉学科，也是一门实用的工程学，它是立足于水利工程学，吸收、融合生态学的原理和知识，用以改善水利工程的规划与设计方法的工程学。

净水型护岸作为生态型护岸的延伸，其指导思想同样是促进人类与自然相和谐，保证水资源可持续利用，从中可以看出，净水护岸理念是满足生态水工学理论的，净水护岸也很有可能成为"生态水工学"框架内的一项重要研究内容。略有不同的是，净水护岸作为一项学科交叉的研究题目，在融合水利工程学和生态学原理同时，更突出了环境工程学重要性，另一方面，由于净水护岸的研究对象侧重于城市护岸，景观美学上的考虑也是非常重要的。

发展净水护岸技术，需要水利工程学、生态学、环境工程学和景观美学等多学科的合作与融合；需要在工程示范等实践的基础上提升理念；需要在借鉴发达国家经验的基础上立足于自主创新。

发达国家在治理城市径流污染和河流生态修复方面已经积累了不少经验，我国可以借鉴发达国家的经验，但是不可能照搬。我国在城市基础设施建设和管理上与欧美等发达国家存在一定差距，同时，我国城市人口规模普遍高于欧美等发达国家，而经济条件和公民受教育程度又低于欧美等发达国家，以上状况无疑加大了消除这一差距的难度。

在发达国家，城市径流污染和城市水体污染情况要比我国轻许多，具有强化净水功能的净水型护岸研发和推广的意义可能并不大；而在我国，在今后相当长的一个时期内，污染物含量超标的城市径流雨水通过排水系统进入城市水体的情况可能仍然普遍，解决城市水体的"水清"问题，是城市规划设计者考虑的第一要务。这就决定了我国在进行净水护岸技术研发、推广和不断完善的过程中，借鉴西方先进经验和技术的同时，必须走有中国特色的创新之路。

## 2.1.2　净水型护岸的技术类型划分

强化护岸对径流污染物的净化效果，可以从以下两方面来着手考虑：

### 1. 对已经入河的径流污染物进行去除

虽然单延米净水护岸结构的净水效果是有限的，但城市河道普遍偏窄，当沿河两岸的护岸长度长达百米、千米以上时，其对河水中污染物的去除量将会变得相当可观。

### 2. 对经由岸坡入河前的径流污染物进行去除

目前在我国城市中，从径流雨水经由岸坡进入河道的方式来划分，可分为两种形式：一是汇流后由预埋在岸坡中的排水管沟进入水体；二是以漫流形式沿岸坡径流而下进入河道。从河道常水位以上的护岸断面空间来划分，则可分为护岸坡度大于 45°的陡坡和小于 45°的缓坡两种形式。

对应以上不同运行条件，应分别采取不同的净水型护岸类型，净水型护岸的应用类型划分如图 2.1 所示。

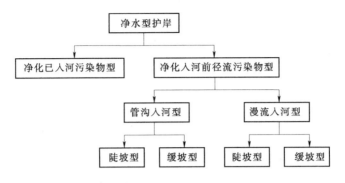

图 2.1　净水型护岸技术类型

Fig. 2.1　Classification of water purifying revetment

## 2.2　净化入河径流污染物的净水型护岸——净水石笼护岸

### 2.2.1　净水石笼护岸设计

在我国，城市河道水位通常可以通过泵闸系统调节，水位是相对稳定的。针对这一运行条件，本书设计了对入河径流污染物有强化净化作用的净水石笼护岸结构。

石笼结构在我国护岸工程中常有采用，除具有稳定可靠的护坡功能外，箱笼内石块间存在大量空隙，可为水生动物提供栖息空间。普通石笼护岸结构特点如下：易于施工，无须重型设备和熟练的工人；石笼为柔性结构，可适应基础的不均匀沉陷且不会导致内部结构的破坏；水下施工方便；普通卵砾石作为填料；笼石堤本身具有透水性，不需另设排水；厚层镀锌以及用于腐蚀环境中的外加 PVC 涂层可保证网笼的长期寿命。但目前的笼石结构也存在一定缺陷：若想让水生植物在箱笼内生长，就必须填入大量土壤，土壤在有水流冲刷的石笼内极易流失；另一方面，如在石笼内填入大量土壤，土壤就会封堵石块间存在的空隙，从而使水生动物丧失栖息空间。

净水石笼护岸结构是在普通石笼结构基础上，引入了潜流湿地技术和浮床技术，其特点如下：

在石笼上部固定加强型天然纤维垫作为植物生长床来种植水生植物，可保证水生植物在石笼内没有土壤和有强水流冲刷的条件下生存，植物根系将深深扎入石笼中；在笼内设置直径 10～20cm，周边布孔的建筑用盲管作为引水行水管道；在铁丝网笼内部填入直径 5～15cm 的砾石，也可选用小石子胶结成较大的多孔隙块体来替换大石块填入网笼中构成石笼。典型的净水石笼护岸断面如图 2.2 所示。

净水石笼护岸是普通石笼护岸结构的变体，其除具有石笼护岸的优点外，还具有如下优点：

（1）很强的污水净化功能。在石笼内设置引水行水管道，可借助水流将大量河水引入石笼内部，河水在箱笼内部的砾石与植物根系间流动。在石笼内 1m 深度范围内分布有芦苇等水生植物的根系，大量悬浮物被石子和植物根系阻挡截留，有机污染物则通过生物膜的吸收、同化和异化作用被一定程度上去除。净水石笼内部，因植物根系对氧的传递和释放，使其周围的微环境中依次呈现出好氧、缺氧和厌氧状态，进而强化微生物的硝化、反

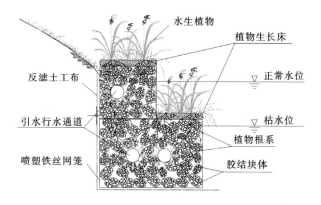

图 2.2　净水石笼护岸结构示意图

Fig. 2.2　Structure sketch of water purifying stone cage revetment

硝化作用。也可选择用小石子胶结成较大的多孔隙块体来替换大石块填入网笼中构成石笼，胶结块体可提供数倍于单个大石块的表面积，为生物膜的生长提供更多生境，从而强化对水体的净化效果。

虽然一般的石笼护岸宽度为 1.5m 左右，河水在石笼内横向扩散的距离有限，当沿河两岸的护岸长度长达百米、千米以上时，其对河水中污染物的去除量将会变得相当可观。

与前面提及的林庄港木栅栏砾石笼生态护岸相比，本方案通过植物生长床来实现滨水区高生物量水生植物的引入；植物根系对石笼结构的加固作用支持了填充砾石粒径的小型化，本方案中选用直径为 5～15cm 的砾石，要比林庄港木栅栏砾石笼中填充的直径为 20～30cm 的砾石提供更多的生物膜附着面积，而采用胶凝块体填充料无疑更强化这一作用；本方案在石笼内部设置引水行水管道，进一步强化了河水与附着生物膜的接触强度。综上分析，本方案对河流污染物浓度的沿程降低效果要优于木栅栏砾石笼生态护岸。

（2）比普通石笼护岸更安全稳定。茂盛的挺水植物茎叶可以消减波浪对岸坡的侵蚀作用；密布于石笼内的植物根系可使石笼结构更加稳定。

（3）良好的生态效果和景观效果。由于箱笼内石块间的大量空隙得以保留，从而为水生动物提供了栖息空间；挺水植物形成了有遮蔽的水边生境，既可降低水温有利于水生动物繁衍，又可为水生动物的栖息提供保护。石笼上错落有致的植物生长带可基本上将石笼遮蔽，规整之中透着随意，浑然天成。

（4）造价经济，维护简单。石笼内的引水行水盲管为建筑行业广泛使用的排水盲管，加强型天然纤维垫外为土工格栅笼，内为棕床垫厂棕纤维边角料；可定期收割水生植物来去除有机物，通过定期压力水流冲刷来使其内部盲管行水通畅，维护简单。

## 2.2.2　植物生长床研发

微生物的反硝化反应需要有机碳源来提供能量，反硝化 1g 硝酸盐氮大约需要 2.5g 碳水化合物，作为接近潜流湿地（SSF）水平流运行模式的净水石笼护岸结构，没有充足的碳源维持反硝化作用可能成为其去氮的限制性因素。

生物残体的分解可以提供部分有机碳源，而在湿地中碳水化合物的释放量受植物散落物分解量的限制，Gersberg 等[70]通过向湿地中覆盖收割植物方法强化反硝化过程，植物分解释放的有机物充当了反硝化的碳源。

为了强化净水石笼护岸的反硝化作用，本书考虑用耐腐蚀的天然植物纤维作为植物生长床的主材。

**1. 植物纤维选择**

植物纤维的主要组成物质为纤维素，按其源于植物的部位不同可进行如下分类：①种子纤维：棉；②韧皮纤维：苎麻、亚麻、大麻、黄麻、红麻、罗布麻、苘麻等；③叶纤维：剑麻、蕉麻、菠萝叶纤维、香蕉叶纤维、棕纤维等；④果实纤维：木棉、椰子纤维；⑤竹纤维：竹子纤维。

用于植物生长床内的填充纤维，要求其纤维丝不能过于纤细，耐水腐蚀且价格低廉。经过调研分析，可能用于植物生长床内填充纤维的常用天然纤维种类及其化学组成见表 2.1。

表 2. 1　　　　　　　　　常用天然纤维化学组成[71]

Tab. 2. 1　　　　　　　　　**Chemical composition of fibers in common use**

| 纤维分类 | 纤维素 | 半纤维素 | 木质素 | 果胶物质 | 水溶物 | 脂蜡质 |
|---|---|---|---|---|---|---|
| 亚麻纤维 | 70～80 | 8～11 | 1.5～7 | 1～4 | 1～2 | 2～4 |
| 黄麻纤维 | 50～60 | 12～18 | 10～15 | 0.5～1 | 1.5～2.5 | 0.3～1 |
| 大麻纤维 | 57.66 | 16.70 | 6.55 | 7.04 | 8.99 | 3.06 |
| 菠萝叶纤维 | 56～62 | 16～19 | 9～13 | — | 1～1.5 | 3.8～7.2 |
| 香蕉叶纤维 | 58.5～76.1 | 28.5～29.9 | 4.8～6.13 | | 1.9～2.61 | — |
| 构树叶纤维 | 59.19 | 13.49 | 13.30 | 14.02 | — | — |
| 棕树叶纤维 | 36.85～44.78 | 20.02～26.24 | 15.07～15.15 | 3.2～5.85 | 3.37～10.2 | 4.69～14.4 |
| 椰壳纤维 | 46～63 | 0.15～0.25 | 31～36 | 3～4 | — | — |

事实上天然植物纤维大多是对产纤维的植物茎叶脱胶处理后产物，所以其主要成分为纤维素、木质素和半纤维素，果胶物质、水溶物和蜡质含量很少。不论来源于何种植物，纤维素都具有同样的化学结构，其在天然条件下生物降解缓慢，都可稳定而持久的提供有机碳。所以以上 8 种天然纤维都可以作为植物生长床的填充材料使用，在本方案中对上述 8 种材料的取舍，更多考虑的是材料的易得程度。

由于植物生长床在整个护岸结构中大规模使用，为减少工程造价，填充材料的来源是从相关产品生产过程中的边角废料中着手寻找的。经过市场调研，以上 8 种天然纤维中，棕纤维和椰壳纤维边角废料更易大量而广泛的获得。

棕纤维源于棕榈，棕榈（*Tracgycarpus fortunei WENDL.*）为棕榈科（*Palmae*）棕榈属（*Trachycarpus Wendl.*），常绿乔木，在我国秦岭淮河以南省份广泛种植。棕纤维主要源于叶柄基部的网状纤维叶鞘，即棕片；棕夹板（棕榈叶柄）和棕叶可脱胶加工成丝代替棕片所抽成的棕丝，以弥补棕片资源的不足。棕纤维耐水腐性强，弹性和韧性好，被用于制作蓑衣、棕垫、机器滤网、地毯、床榻、毛刷、扫帚、绳索等多种棕制品。

椰子（*Cocos nucifera*）是棕榈科（*Palmae*）椰子属（*Cocos Linn*）大乔木，广布热带海岸。椰壳纤维是椰树果实的副产品，椰子的果实由外果皮、中果皮、内果皮、胚乳

（椰肉）、胚和椰子水构成，中果皮又称椰衣，成熟后为厚而疏松的棕色纤维层，将椰壳在海水中浸蚀或机械加工处理得到商用椰壳纤维。椰壳纤维直径一般为 $100\sim450\mu m$，长度为 $5\sim10cm$。椰壳纤维耐湿性、耐热性比较优异，可用于编织席、垫、粗索、扫帚、刷子和用作填充材料。椰壳纤维资源丰富，主要分布在我国的广东、海南以及斯里兰卡、印度、菲律宾等热带和亚热带地区，成本低廉，除小部分用作绳索和燃料外，每年都有大量的椰子壳废弃。

考虑到椰壳纤维弹性、韧性和耐腐性都比棕纤维略差，所以本次试验中选用的材料为棕纤维。

**2. 植物生长床结构设计**

用植物生长床种植水生植物，需要保证床体内棕纤维具有一定的填充厚度和密度，笔者将植物生长床厚度设定为 10cm，棕纤维填充密度设定为 $47kg/m^3$。生长床的外部框架由黑色塑料土工格栅（geogrid）制成，采用黑色塑料土工格栅主要原因为：①其价格低廉，强度和韧性良好，易于加工成型，又便于热焊接；②塑料土工格栅在水中的防腐性能优良，使用过程中有水生植物对紫外线的遮蔽，使其不易老化，可长时间重复使用。格栅的网眼太大会使棕纤维漏出，网眼太小又不便于植物生长，最终确定采用 5cm×5cm 方形网眼。试验用双向拉伸塑料土工格栅外观为近似正方形的网格状结构，由高密度聚乙烯通过热融挤压成板，冲孔，加热，纵横向定位拉伸而成，纵、横向极限抗拉强度不小于 15kN/m，纵、横向极限抗拉强度下的伸长率小于等于 13%。加工成型后的植物生长床样品见图 2.3。

图 2.3　植物生长床样品

Fig. 2.3　Pattern of hydrophyte planting bed

## 2.2.3　植物种植试验

由于在箱笼内的基质为大粒径砾石，且天然纤维垫内没有土壤，选择在这样恶劣条件下，能够生存的生命力强的水生植物是该护岸结构能否可行的关键。为验证净水石笼护岸的技术可行性，进行了模拟试验研究。试验中试种水生植物为在我国分布广泛、生命力强、根系发达的多年生水生植物，模拟试验中所选水生植物成活率见表 2.2。

表 2.2　　　　　　　　　　　　　不同水生植物成活率
Tab. 2.2　　　　　　　　**Survival ratios of different hydrophytes tested**

| 植物种类 | 芦苇 | 三棱草 | 李氏禾 | 水葱 | 香蒲 | 菖蒲 | 黄花鸢尾 |
|---|---|---|---|---|---|---|---|
| 植物成活率/% | 60 | 70 | 100 | 0 | 0 | 10 | 10 |

　　试验结果表明，水葱（*Scirpus tabernaemontani*）和香蒲（*Typha latifolia*）不能成活，成活后的菖蒲（*Acorus calamus*）和黄花鸢尾（*Iris pseudacorus*）依然表现出不良的生长状态，而成活的芦苇（*Phragmites australis*）、三棱草（*Cyperus iria*）和李氏禾（*Leersia hexandra Swartz*）生长状态与自然状态相比，只有芦苇略显矮小，这可能与移植后的第一个生长年有关。这说明在净水石笼护岸实际工程应用中，芦苇、三棱草和李氏禾是很好的水生植物选择（详见 3.3 节）。植物生长模拟试验见图 2.4，试验结果表明，水生植物的根系已深入生长床表面 50cm 以下，并可将直径为 10cm 的石块握裹提起，说明水生植物根系对石笼加固效果显著。

图 2.4　植物种植试验
Fig. 2.4　Hydrophytes planting test

　　城市河道水位是相对稳定的，但水位还是会在一定范围内存在周期性涨落，所选水生植物的耐旱性能同样至关重要。耐干旱测试表明，水位下降会刺激以上三种植物根系增长增密，当水位下降半米并维持两个月，以上三种植物依然生长状况良好（详见 3.5 节）。

## 2.3　净化径流雨水的缓坡净水型护岸——柔性排护岸

### 2.3.1　柔性排护岸设计

　　在城市水体岸坡建设植被过滤带是非常简单、有效的暴雨径流治理措施。污水中颗粒物及吸附的污染物（重金属、磷等）在植被过滤带上的去除，主要是通过渗透、过滤和沉积等物理过程实现[72]。另一方面，植被过滤带只有在满足一定坡度条件和宽度规模时，才能对径流污染起到有效的控制作用。Niva 等人[29]认为这一条件是绿化缓冲带的宽度应该大于 100ft（30.5m），坡度略小于 45°。事实上，由于城市建设对河道滨水带的挤压，在大多数情况下，这一宽度都是无法保证的。如何在坡度略小于 45°的缓坡情况下，利用有限的滨水带宽度，实现对沿岸坡径流而下的雨水的强化净化，是净水型护岸设计的难点。

由于在绿化缓冲带净化径流污染技术中，通常要考虑雨水向岸坡土壤内部渗滤在生态和净水方面的积极作用，这就导致岸坡土体发生沉陷的可能性增大，所以在本方案的设计中选用了柔性结构，其在岸坡土体发生不均匀沉降情况下有较好的自愈能力。目前国内外采用的主要柔性护堤结构一种是石笼垫结构，其缺点是石头耗量过大；另一种是由金属铰连接或由绳串连的预制混凝土砌块排体[73,74]，其缺点是金属铰存在腐蚀问题，绳子也容易在水流的作用下与周边摩擦断裂。为克服上述缺陷，同时兼备净水和生态功能，本书设计了柔性排护岸结构。该结构是将大孔隙混凝土以块体的形式直接浇筑在土工格栅上，从而构成柔性排体。

本书研发的柔性排护岸结构特点如下：

将大孔隙混凝土以边长为 30cm 的正六边形块体的形式直接浇注在土工格栅上构成多排多列的柔性排体，从而保证了单个块体间连接的耐久性与安全性（图 2.5、图 2.6）。

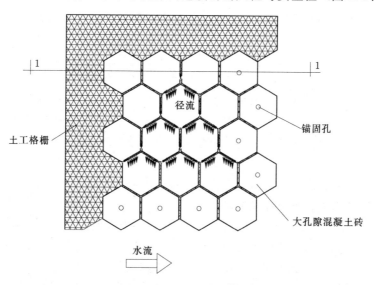

图 2.5　柔性排平面示意图

Fig. 2.5　Plane figure of flexible array revetment

大孔隙混凝土六棱块内部具有连通孔隙，填入土壤后可生长植物，排体可保护植物根系，实现在有周期性强水流冲刷的恶劣条件下植物的生长；同时植物根系又对排体有加固作用，提高其稳定性，为排体的轻薄化提供支持，而另一方面，轻薄的排体更有利于植物生长；在排体的逆水流侧和上侧预留一定宽度的土工格栅，在排体的顺水流侧和下侧预留锚固孔，将排体逆水流自下而上咬合铺设，通过穿过锚固孔的柳杆锚或防腐金属锚固定预留的土工格栅，从而实现排体间连接；在使用柳杆锚时，宜选用茎杆增粗缓慢的本地区河

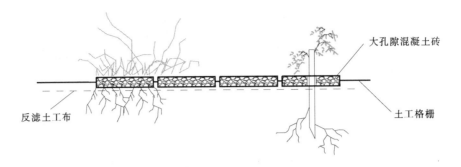

图 2.6  柔性排 1－1 剖面图

Fig. 2.6  Section 1－1 figure of flexible array revetment

滩地野生柳树种，同时排体上引种的草本植物宜选用当地根系发达、固土效果好的乡土种，发达的草本植物根系也可起到强化排体间连接的作用。

在护岸排铺装前，对岸坡整平即可，在护岸排下面铺设植物根系可穿过的反滤土工布（以 $150g/m^2$ 规格为宜）；护岸排结构可延伸到水下数米，其上适当抛石压覆即可。该排体为组装式结构，施工简便高效，质量易于保证，易于维修，尤其适用于软弱土体。

柔性排护岸对沿岸坡径流而下的雨水的强化净化作用通过以下方式得到体现：如图 2.4 所示，当径流雨水以漫流形式汇入柔性排护岸后，雨水将沿大孔隙混凝土砖的砖间缝隙逐层向下扩散流动；通常情况下，排体土壤填充只能实现约占大孔隙混凝土砖孔隙体积 40％ 的填充率，向下扩散的雨水会进一步扩散入大孔隙混凝土砖的孔隙内，径流雨水则在排体逐层阻滞和过滤的作用下得到净化；截留的有机颗粒物则填充于大孔隙混凝土砖孔隙内，并作为植物生长的养分得到降解。需要指出的是，大孔隙混凝土砖的土壤低填充率并不会影响排体上生长植物的覆盖度。在本书 2.3.3 节对柔性排的植物种植试验表明，由于乡土种植物普遍在空间扩张能力上具有强势，在大孔隙混凝土砖上和砖间缝隙内生长的数株植物，即可实现单个大孔隙混凝土砖面积上的植物 100％ 的覆盖度。

对于以管沟形式入河的径流雨水而言，可以考虑通过对排水管沟的适当改造，使径流雨水由布水管或布水沟布入柔性排护岸中。

陈庆锋等[66]利用植被生态混凝土作为护坡材料，来控制降雨径流污染的试验中，与植被覆盖良好的小区相比，植被生态混凝土对各种污染指标的控制效果没有明显差异。这是因为在生态混凝土试验小区中，径流污染物的去除主要是通过小区上植物枝叶对污染物的截留作用来实现的，在污染物去除强度上与植被覆盖良好的小区并无大差别。本方案利用大孔隙混凝土砖的砖间隙作为布水通道，实现了径流雨水在排体内植物和骨料间逐层阻滞后的深度渗滤，与上述直接用植被生态混凝土作为护坡材料相比，强化了对径流雨水的阻滞作用和渗滤强度。综上分析，采用本方案对沿岸坡径流而下的雨水的沿程净化效果要优于上述生态混凝土方案。

柔性排护岸如果作为常水位以上的护岸形式与净水石笼护岸结构组合使用，则可同时实现对沿岸坡径流而下的雨水和入河后的径流污染物的强化净化作用。

## 2.3.2  柔性排无砂大孔混凝土配合比优化试验

对于柔性排大孔隙混凝土砖而言，既需要必要的抗压强度和抗折强度来保证护岸安全稳定，同时还需要合适的孔隙率和碱度还支持植物生长，其配合比设计是本方案能否成功应用的关键。本书对大孔混凝土配合比进行了优化试验研究。

**1. 试验原材料**

（1）水泥：采用 525 号低碱硫铝酸盐水泥。

（2）石子：卵碎石，粒径 5～20mm。筛分成不同级配进行试验。

（3）陶粒：高强页岩陶粒，粒径 5～25mm。试验中根据需要进行筛分。

（4）有机纤维：凯泰改性聚丙烯纤维，长度为 15mm，掺量为 $0.5kg/m^3$。

（5）减水剂：萘系高效减水剂，或聚羧酸高效减水剂。

（6）乳液：苯丙乳液，掺量为水泥用量的 5%。

**2. 不同粒径石子堆积密度及空隙率试验**

不同粒径石子堆积密度及空隙率试验结果见表 2.3。

表 2.3　　　　　　　　　　　同粒径石子堆积密度及空隙率试验

Tab. 2.3　　　　Accumulation density and void ratio of equal grain carpolite

| 粒　级 /mm | 松　散 | | 紧　密 | |
|---|---|---|---|---|
| | 堆积密度 /(kg/m³) | 空隙率 /% | 紧密堆积密度 /(kg/m³) | 空隙率 /% |
| 8～10 | 1475 | 45.2 | | |
| 8～12 | 1533 | 43.0 | | |
| 10～12 | 1528 | 43.2 | | |
| 10～15 | 1533 | 43.0 | 1728 | 35.8 |
| 10～20 | 1543 | 42.7 | 1668 | 38.0 |
| 12～15 | 1548 | 42.5 | | |
| 15～20 | 1533 | 43.0 | 1675 | 37.7 |

试验结果表明，本试验粒径范围内，不同粒径对空隙率的影响不大，因此，可根据预制排体厚度选取合适的粒径范围。一般来说，最大粒径不超过排体厚度的 1/3，最佳粒径根据无砂混凝土的空隙率和抗折强度确定。

**3. 混凝土配合比试验**

对于大孔隙混凝土砖配合比而言，主要的控制指标有：抗压和抗折强度、连通孔隙率、水泥浆体富裕度和混凝土碱度。如大孔隙混凝土砖的抗压和抗折强度不足，就不能对岸坡起到有效防护作用；连通孔隙率太小，则不能给植物根系提供足够的生长空间；过大的水泥浆体富裕度会造成排体底部空隙封闭，而过高的混凝土碱度则会影响植物生长。同时，还应尽量降低混凝土的容重，以减小现场铺装的工作强度。

混凝土配合比试验采用 100mm×100mm×400mm 的模具成型试件，检测 7d、28d 抗压强度、抗折强度，并检测新拌混凝土容重和有效空隙率。试件的断面照片如图 2.7 所示，照片显示混凝土中充满了大量的连通空隙，非常利于湿度保持和植物根系的生长。

无砂大孔混凝土配合比优化试验数据见表 2.4，由试验结果可见，高效减水剂、纤维材料对混凝土的抗压强度影响不大，说明接触点（面）的黏结强度是关键。

图 2.7  抗折强度测试

Fig. 2.7  Flexural Strength test

表 2.4　　　　　　　　　　　无砂大孔混凝土配合比优化试验数据表

Tab. 2.4　　　　**Datasheet of optimization test of Eco-concrete mix proportion**

| 编号 | 骨料种类 | 粒径/mm | 水灰比 | 减水剂/% | 纤维/(kg/m³) | 试块容重/(kg/m³) | 拌和物容重/(kg/m³) | 每方混凝土材料用量/(kg/m³) | | | 抗折强度/MPa | | 抗压强度/MPa | |
|---|---|---|---|---|---|---|---|---|---|---|---|---|---|---|
| | | | | | | | | 水 | 水泥 | 骨料 | 7d | 28d | 7d | 28d |
| M6 | 卵碎石 | 10-15 | 0.35 | — | — | 1642 | 1771 | 57.1 | 163.2 | 1550.6 | 1.33 | 1.43 | 3.77 | 4.90 |
| M7 | 卵碎石 | 10-15 | 0.35 | — | — | 1923 | 1836 | 75.8 | 216.6 | 1543.5 | 1.48 | 1.79 | 5.36 | 5.74 |
| M8 | 卵碎石 | 10-15 | 0.332 | — | — | 1921 | 1840 | 86.9 | 261.7 | 1491.5 | 1.58 | 1.74 | 5.20 | 6.01 |
| M1 | 卵碎石 | 5-15 | 0.35 | — | — | 1872 | 1836 | 75.8 | 216.6 | 1543.5 | 1.68 | 1.65 | 7.11 | 6.22 |
| M2 | 卵碎石 | 5-15 | 0.35 | — | — | 1937 | 1879 | 93.3 | 266.5 | 1519.2 | 1.68 | 1.86 | 8.78 | 10.22 |
| M3 | 卵碎石 | 5-15 | 0.329 | — | — | 2038 | 1921 | 104.1 | 316.0 | 1500.9 | 2.09 | 2.49 | 11.89 | 7.94 |
| M11 | 卵碎石 | 5-10 | 0.35 | — | — | 1921 | 1843 | 105.7 | 302.1 | 1435.1 | 1.86 | 2.41 | 7.18 | 7.24 |
| M12 | 卵碎石 | 5-10 | 0.35 | — | — | 1923 | 1779 | 88.3 | 252.3 | 1438.3 | 2.09 | 2.15 | 6.75 | 5.76 |
| M13 | 卵碎石 | 5-10 | 0.35 | — | — | 1814 | 1764 | 72.8 | 208.1 | 1483.0 | 1.56 | 1.48 | 5.46 | 4.01 |
| M14 | 卵碎石 | 5-10 | 0.333 | — | — | 1973 | 1843 | 113.4 | 340.2 | 1389.3 | 2.12 | 2.52 | 9.67 | 10.42 |
| T1 | 陶粒 | 5-25 | 0.35 | — | — | 1246 | 1200 | 124.3 | 355.2 | 720.5 | 1.88 | 2.06 | 8.82 | 9.08 |
| T2 | 陶粒 | 5-25 | 0.336 | — | — | 1226 | 1193 | 103.7 | 308.6 | 780.7 | 1.74 | 1.90 | 7.89 | 6.65 |
| T3 | 陶粒 | 5-25 | 0.336 | — | — | 1079 | 1079 | 78.4 | 233.3 | 767.2 | 1.12 | 1.31 | 4.24 | 4.11 |
| T4 | 陶粒 | 5-25 | 0.27 | 0.7 | — | 1080 | 1029 | 61.2 | 225.7 | 742.1 | 1.31 | 1.39 | 4.63 | 4.25 |
| T5 | 陶粒 | 5-25 | 0.27 | 0.7 | — | 1159 | 1107 | 78.7 | 291.3 | 737.0 | 1.46 | 1.38 | 5.61 | 4.33 |
| T6 | 陶粒 | 5-25 | 0.27 | 0.7 | — | 1234 | 1200 | 98.3 | 364.2 | 737.5 | 1.45 | 1.98 | 7.93 | 7.92 |
| M21 | 卵碎石 | 8-15 | 0.27 | 0.7 | — | 2029 | 1921 | 86.2 | 319.1 | 1515.7 | 2.73 | 3.14 | 13.12 | 13.49 |
| M22 | 卵碎石 | 8-15 | 0.27 | 0.7 | — | 1936 | 1893 | 73.3 | 271.6 | 1548.1 | 2.06 | 2.48 | 10.14 | 10.5 |
| M23 | 卵碎石 | 8-15 | 0.27 | 0.7 | 0.8 | 1903 | 1857 | 71.9 | 266.4 | 1518.6 | 2.09 | 2.48 | 11.73 | 9.22 |
| M24 | 卵碎石 | 8-15 | 0.27 | 0.7 | 0.95 | 1996 | 1907 | 85.5 | 316.8 | 1504.7 | 2.60 | 3.06 | 13.85 | 13.11 |
| M25 | 卵碎石 | 8-15 | 0.29 | 0.7 | — | 1874 | 1771 | 61.0 | 210.5 | 1499.5 | 2.07 | 1.41 | 6.89 | 5.21 |
| M26 | 卵碎石 | 8-15 | 0.29 | 0.7 | 0.94 | 1867 | 1836 | 63.3 | 218.2 | 1554.5 | 2.19 | 1.24 | 7.34 | 4.37 |
| T7 | 陶粒 | 5-25 | 0.29 | 0.7 | 0.99 | 1092 | 1050 | 66.5 | 229.4 | 754.1 | 1.22 | 2.06 | 4.81 | 8.12 |
| T8 | 陶粒 | 5-25 | 0.29 | 0.7 | 0.84 | 1039 | 1000 | 56.7 | 195.4 | 748.0 | 1.22 | 2.08 | 4.23 | 10.45 |

水泥水化释放出来的碱会导致混凝土孔隙内部出现强碱环境，为了使植物能在其中生长，必须采取措施降低孔隙内部的碱度。经检测，试验混凝土内部碱度为 10.5，是适合具有一定耐碱能力的植物生长的。考虑到陶粒价格可接受、重量又轻的特点，确定以陶粒为主，卵碎石为辅，作为无砂混凝土的骨料。

**4. 混凝土抗冻性试验**

在我国北方地区，因有冰冻作用，用于水利护坡工程的柔性排大孔混凝土直接和水接触，随着环境气候的变化，其结构必然受到冻融循环作用的影响。

大孔混凝土抗冻试验参照《水工混凝土试验规程》（DL/T 5150—2001）[75] 的相关规定，采用快冻法进行。混凝土抗冻性能用相对动弹性模量和质量损失率来衡量，试件在 28d 龄期进行冻融试验（见表 2.5），如试件的平均失重率超过 5%，则停止试验。

表 2.5　　　　　　　　　　无砂大孔混凝土冻融试验试验数据表

Tab. 2.5　　　　　　　Datasheet of frozen and melt test of Eco - concrete

| 冻融循环次数 /次 | T6 | |
|---|---|---|
| | 相对动弹性模量/% | 质量损失率/% |
| 25 | 92.2 | 0.00 |
| 50 | 77.3 | 3.10 |
| 75 | 断裂 | — |

以上试验结果表明，由于孔隙率太大，以及骨料黏结点少的缘故，饱水受冻时内部水结冰的冻胀力太大，大孔混凝土的相对动弹性模量降低很快，到 75 次冻融循环结束，试件已经断裂。可进一步通过采用较小尺寸的骨料、增大水泥用量、降低水胶比等技术措施提高大孔混凝土的抗冻能力，以扩大其在我国北方地区的适用范围。

## 2.3.3　柔性排种植试验和生产中试试验

**1. 柔性排种植试验**

柔性排种植试验于 2005 年春季进行，选用黑麦草（*perennial ryegrass*）、画眉草（*Weeping Love grass*）和狗牙根（*Bermuda grass*）三种常用草坪绿化植物，种子撒播比例为 5:2:3。

试验表明，以上三种植物都可以在柔性排内萌芽成活，但填充表土中含有的乡土种杂草种子也随之萌芽生长，并逐步在柔性排上植物群落里占有优势地位（图 2.8）。从植物的茎杆部分观察，可以看出在单个大孔隙混凝土砖上和砖间缝隙内生长的植物仅有数株，但从植物的冠层部分观察，却实现了单个大孔隙混凝土砖面积上的植物 100% 的覆盖度（覆盖度监测采用针刺法）。

**2. 生产中试试验**

为了探讨大规模生产软体排的可行性，以满足实际施工需要，本书设计加工了钢制模具来进行试制试验，试验模具和过程见图 2.9。

通过进行软体排的加工中试试验，基本确定了软体排的幅宽、厚度、单排块数、单排重量等参数，以及骨料粒径与排体厚度的关系，发现和解决了批量生产过程中可能遇到的问题，为以后大规模生产奠定了基础。柔性排规格参数见表 2.6。

图 2.8　植草试验前后对比

Fig. 2.8　Grass planting test

图 2.9　软体排的工业化生产试验

Fig. 2.9　Industrialization manufacture test of flexible array

表 2.6　　　　　　　　　　　　　　　柔 性 排 规 格 参 数

Tab. 2.6　　　　　　　　　　　　　Specification of flexible array

| 型号 | 幅宽<br>/m | 长度<br>/m | 厚度<br>/cm | 重量<br>/(kg/m²) | 孔隙率<br>/% | 抗压强度<br>/MPa | 抗拉强度<br>/(kN/m) |
|---|---|---|---|---|---|---|---|
| Ec - 4 | 2 | 3 | 4 | 30 | 30 | 10 | 45 |
| Ec - 6 | 2 | 3 | 6 | 50 | 27 | 10 | 50 |
| Ec - 8 | 2 | 3 | 8 | 70 | 27 | 10 | 60 |

## 2.4　净化径流雨水的陡坡净水型护岸——净水箱护岸

### 2.4.1　净水箱护岸整体结构设计

在我国，很多新建和改建的城市护岸由于受城市可利用空间的限制，倾向于采用陡直的挡土墙结构，护岸坡度多为大于 45°的陡坡。针对这一运行条件，本书设计了对沿岸坡径流而下的雨水有强化净化作用的净水箱护岸。

**1. 净水箱护岸结构**

净水箱砌块为混凝土预制而成，中间设隔板，正面一侧的上部设溢流孔，内部填入陶粒、卵石等滤料，滤料上固定棕纤维垫作为植物生长床，用来种植水生植物，如图 2.10 所示。

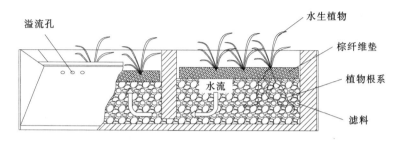

图 2.10　净水箱护岸砌块结构图

Fig. 2.10　Structure sketch of prefabricated water purifying box

净水箱中间设隔板，在隔板靠近箱体后壁一侧的下部设孔隙，隔板将箱体内部分成两个格室，当污水由无溢流口的一侧流入净水箱时，其在水压力的作用下将通过隔板下的孔隙进入另一侧格室，并从溢流孔流出，从净水箱溢流孔流出的污水依次跌入下一净水箱内；净水箱护岸砌块用于常水位以上，护岸结构的常水位以下为鱼巢砌块，如图 2.11 所示。

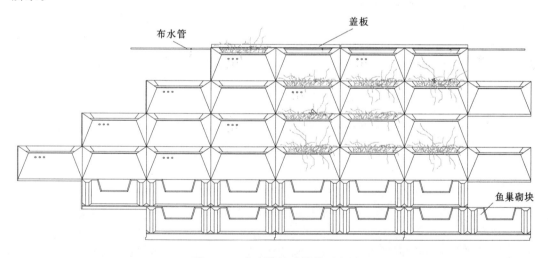

图 2.11　净水箱护岸结构示意图

Fig. 2.11　Structure sketch of water purifying box revetment

由图 2.12 中人工湿地具体分类可以看出，净水箱护岸系统是挺水植物人工湿地下多种湿地形式的组合系统。在本结构中，由于透气效果良好的棕纤维垫的存在，使污水从系统表面流过时，氧可通过水面扩散补给，同时污水又可在水力传导率良好的基质间渗滤，所以本结构兼具有表面流湿地（FWS）和潜流湿地（SSF）特点；作为潜流湿地，其内部既具有水平潜流，同时也具有垂直潜流；作为垂直潜流湿地，其在两个格室内分别具有上行流和下行流。另一方面，通常由净水箱护岸净化的汇流初期雨水径流总量不会很大，预计在大多数降雨事件中 50%～70% 的污水将储存在净水箱内，净水箱又起到拦水、蓄水作用。

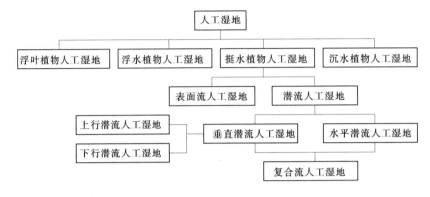

图 2.12　人工湿地具体分类[76]

Fig. 2.12　Classification of constructed wetland

**2. 净水箱护岸应用**

对于以管沟形式入河的径流雨水而言，如图 2.13 所示，在城市河道岸坡内原本用于直接排水入河的管道上设雨水跳跃井，并在岸坡内设小型蓄水池，初期雨水和街道冲洗废水将被跳跃井截留进入小型蓄水池临时储存，随着降雨进程，后续的大量比较洁净的雨水溢过跳跃井阀门，直接通过排水管进入河道。

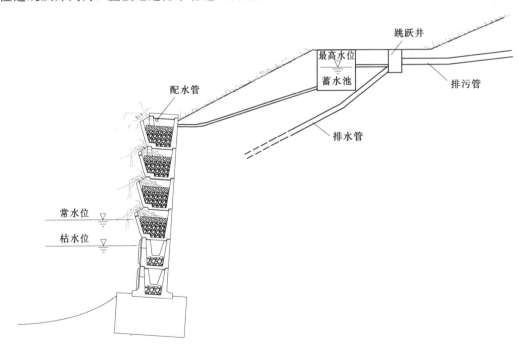

图 2.13　75°～90°倾角净水箱护岸应用示意图

Fig. 2.13　Application sketch of water purifying box revetment with obliquity of 75°～90°

蓄水池内的径流污水可通过河道岸坡的自然高差压入 PVC 布水管中，当岸坡的自然高差不足时，可通过小型水泵来实现对布水管中污水加压。布水管长度可根据净水箱护岸长度设为几十米至上百米。当布水管中部注入来自蓄水池的压力污水时，污水便会以低负荷通过出水孔滴入第一层净水箱中。随着污水在净水箱层间的依次渗滤和滴落，污染物也随之得到有效去除，净化后的污水最终滴落入河道中。本结构旨在降雨期间对初期径流雨水中的污染物进行快速高效地截留，在之后的降雨间期再对已截留的污染物进行有效去除。图 2.13 和图 2.14 分别给出 75°～90°倾角和 45°～75°倾角时净水箱护岸应用示意图。

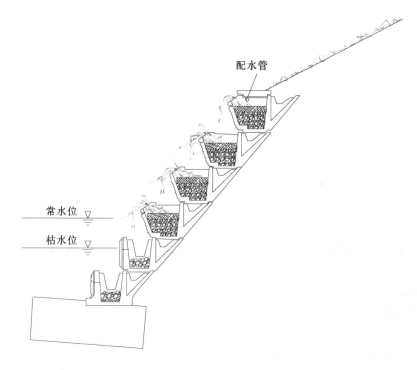

图 2.14　45°～75°倾角净水箱护岸应用示意图

Fig. 2.14　Application sketch of water purifying box revetment
with obliquity of 45°～75°

　　对于已建成的浆砌石或混凝土挡土墙护岸，可通过图 2.15 所示方式，将其改造为净水箱护岸，即将净水箱砌块通过锚固螺栓固定于挡土墙护岸表面。在本实施例中，因砌块本身是非承重体，所以可以将其进行轻薄化预制。由于净水箱护岸改造压缩了河道的过水断面，所以在规划设计过程中，需进行水文分析。

　　对于以漫流形式入河的径流雨水而言，只需对第一层净水箱上面的盖板单侧设汇水口即可，则沿岸坡漫流而下的雨水可通过盖板上的汇水口直接进入净水箱护岸结构中，并得到净化。由于是接纳全部的入河径流，所以在这一运行条件下，需要对净水箱护岸规模进行相应放大。

　　在我国城市的陡坡护岸中，径流雨水以管沟方式入河的情况要多于以漫流方式入河的

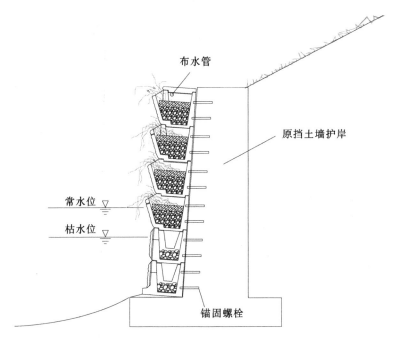

图 2.15　净水箱护岸改造示意图

Fig. 2.15　Reconstructive sketch of water purifying box revetment

情况，所以本书对净水箱护岸的后续研究主要针对前一种运行条件。

如果用净水石笼护岸结构替换常水位以下的鱼巢砌块，与净水箱护岸结构组合使用，则可同时实现对沿岸坡汇流而下的初期径流和入河后的径流污染物的强化净化。

### 2.4.2　净水箱砌块研发

#### 1. 净水箱砌块形式设计

无论是在表面流湿地还是潜流湿地，反硝化细菌都比硝化细菌更丰富。特别是在潜流水平湿地中，主要是厌氧环境，反硝化速率明显高于硝化速率，硝化作用是脱氮的限制步骤[77,78]。要最大限度地提高净水箱对 TN 的去除率，需要硝化及反硝化速率相均衡，因此，提高净水箱的硝化能力是提高其脱氮能力的关键问题。

成水平等[79]对种植香蒲和灯心草的人工湿地进行了研究，发现微生物的数量随深度增加而递减，35cm 层的数量远远低于上层；5～10cm 层的磷酸酶、纤维素酶和蛋白酶活性亦大于 20cm 层的。同时，Reed 等[80]发现不管何种植物，其在潜流湿地中根茎的伸展基本上限制在 30cm 厚的基质层中，床体中一半的介质中没有大量根系存在，在湿地底部形成缺氧环境，造成湿地硝化作用差。鉴于前人的研究结果，为了强化净水箱的硝化作用，原则上净水箱内生长水生植物的基质厚度不超过 30cm，本书在后续试验中，取滤料厚度为 12cm，其上植物生长床厚度为 10cm。考虑到水生植物需要在植物生长床以上有一定的生长伸展空间，所以将净水箱高度设定为 40cm。

对净水箱横断面而言，正方形受力条件最好，所以取净水箱框架（不包括正立面探出的花斗）宽度为 40cm。对于单个格室的长度而言，出于抗折强度考虑，原则上不宜超过宽度的 2 倍，所以本书将单个格室的长度设定为 60cm。为了增强整体稳定性，将净水箱砌块设计成由两个格室组成，便于上下层砌块间错室咬合；同时，在砌块左右两侧和上下分别设有凸凹槽，可使砌块间咬合形成整体，本次设计的砌块左右两侧凸凹槽分别为9mm 和 12mm，砌块上下凸凹槽分别为 29mm 和 32mm。在保证牢固的前提下，为了尽量增加净水箱内植物的采光率，将花斗探出尺寸设定为 20cm。考虑到混凝土的强度问题和砌块预制过程中脱模需要，将净水箱主体结构的壁厚设定为 5cm。

综上所述，设计的净水箱砌块为双格室结构，宽 0.4m，高 0.4m，长 1.2m，壁厚5cm，设有咬合槽口，花斗探出 20cm；单砌块重约为 160kg，机械或人工安装皆可。

**2. 行水孔和导流槽设计**

在净水箱一侧的花斗上设溢流孔，为了尽量减少设孔对混凝土板的损伤，不至于产生易于破坏的应力集中问题，将溢流孔设计成多个小圆孔形式，原则上小圆孔直径不宜超过8mm。本净水箱设计最大流量为 100L/h，设 3 个直径 8mm 圆孔作为溢流孔，其累计过水断面约为 $1.5cm^2$，能够满足行水要求。

在净水箱中间设置隔板，并在隔板的后下方设通孔，从而使污水在净水箱滤料内的渗滤行程最大化。由于长期运行可能造成净水箱底部沉积淤堵，所以取通孔过水断面大于溢流孔的过水断面，通孔面积设计为 $4cm^2$。

考虑到由溢流孔溢出的污水可能被风吹动或滴在植物枝叶上，从而溅落在下层净水箱外，所以在每个溢流孔下的混凝土板外表面设置了一个导流槽，其为半径 5mm 的内凹半圆槽，并在槽的末端设半圆状突起作为滴水；当污水溢出溢流孔后，将沿导流槽流下并在滴水处滴入到下层净水箱中。以上污水滴落是一个强化曝气的过程，而且没有能耗。净水箱护岸砌块设计图和样品照片如图 2.16 和图 2.17 所示。

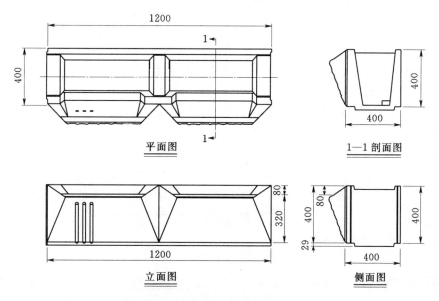

图 2.16 净水箱护岸砌块设计图

Fig. 2.16 Design drawing of prefabricated water purifying box

图 2.17　净水箱护岸砌块样品

Fig. 2.17　Pattern of prefabricated water purifying box

## 2.5　净水型护岸设计原则的归纳与探讨

通过 2.2～2.4 节中对用于净化径流雨水的分别适用于缓坡和陡坡条件的柔性排护岸和生态净水箱护岸，以及用于净化入河径流污染物的净水石笼护岸等三种典型净水护岸方案的提出、研究和探讨，本书将净水型护岸的设计原则进行如下归纳与探讨。

### 2.5.1　满足生态型护岸的设计原则

#### 1. 安全性原则

护岸结构起防止水土流失和防洪的作用，其稳定性与安全性是护岸结构设计的第一要务。董哲仁[81]认为生态水利工程的工程设施必须符合水文学和工程力学的规律，以确保工程设施的安全、稳定和耐久性。净水型护岸也必须在设计标准规定的范围内，能够承受洪水、侵蚀、风暴、冰冻等自然力荷载，同时还能够承受行船波和游人践踏等人为荷载的作用。

#### 2. 景观性（亲水性）原则

随着社会经济发展和人们生活水平提高，城市居住环境日益得到重视，净水型护岸设计应该力求外表整洁美观，且处理污水时无异味和蚊虫大量繁衍问题。净水型护岸的实施不能影响城市景观效果，甚至有些设计理想的护岸可成为城市一景，创造出符合人类行为心理和精神活动的理想亲水空间。

#### 3. 生态性原则

在进行净水型护岸设计时，要兼顾其对生态环境的良性作用。既要能支持乡土种植物在滨水带的生长，同时还要考虑为水中、水上和土壤中栖息的动物和微生物提供多样的生境，尽可能恢复和重建退化的河岸带生态系统，保护和提高生物多样性。

### 2.5.2　生物-生态修复技术与工程结构结合的设计原则

城市雨水径流污染的产生是人类活动对自然水文生态过程作用的结果，是水文生态系统的失衡过程。通过采取模拟自然的生物-生态技术强化自然界自净能力，来治理被污染水体无疑是最佳选择。砾间接触氧化法、生态浮床技术和湿地技术等简单易行的生物-生态方法将是净水型护岸净化径流污染的主要手段。

水体岸坡植物不仅有固堤护土和为动物、微生物提供栖息地的功能，同时还可以有效截留和吸收径流污染物。在净水型护岸设计中，可采用工程措施来支持在强水流冲刷作用下植物的生长，重建城市河道两岸一定宽度的植被带，恢复丧失的湿地群落。在护岸引种植物的选择中，要优先考虑如芦苇、菖蒲等净水能力较强的乡土种植物。生物膜净化污水技术以其经济性和有效性，广泛被污水处理设施以直接或间接的方式采用，在净水型护岸设计中，可通过工程措施来强化护岸结构中生物膜的净水作用。

### 2.5.3 满足经济性原则

#### 1. 建设的经济性

在净水型护岸的结构设计中，对于强化净水技术的引入，要进行经济合理性分析，选用以最小的经济投入获得最大去除污染物效果的技术方案。净水型护岸的建设由于额外采用了强化净水功能的技术措施，成本肯定比常规护岸结构有所增加，但其增加部分应小于将分离的初期径流输往污水厂的管线建设费用。

#### 2. 运行和维护的经济性

净水型护岸的运行和维护必须是低能耗（或零能耗）和低成本的，其运行和维护费用应少于等负荷污水在污水厂的处理费用；只有这样，净水型护岸才能不会仅作为一个专业名词的创新而短暂存在，体现出持久的生命力。

### 2.5.4 因地制宜的设计原则

净水护岸建设应根据实际城市河流岸坡地貌状况和排水管线布置情况，综合考虑原位上一切可利用条件，开拓思维，因地制宜在护岸结构中引入一些简便易行的实用净水技术，而不能盲目强行建设。

## 2.6 本章小结

（1）在我国今后相当长的一个时期内，污染物含量超标的城市径流雨水通过排水系统进入城市水体的情况可能仍然普遍，或者说很难被根除，解决城市水体的"水清"问题，是城市规划设计者考虑的第一要务。所以"净水型护岸"作为一种净化径流污染的辅助措施，将在我国逐步得到发展普及。

净水型护岸应属于"生态水工学"范畴，净水护岸作为一项交叉学科的研究方向，在融合水利工程学和生态学原理和知识的同时，更突出环境工程学和景观美学。结合净水护岸设计方案归纳了净水护岸的设计原则：满足安全性、景观性（亲水性）、生态性的生态护岸设计原则；生物-生态修复技术与工程结构结合的设计原则；建设、运行和维护的经济性原则；因地制宜原则。

净水型护岸理念是满足生态水工学理论的，净水型护岸也很有可能成为"生态水工学"框架内的一项重要研究内容。略有不同的是，净水护岸作为一项学科交叉的研究方向，在融合水利工程学和生态学原理和知识的同时，更突出了环境工程学重要性。另一方面，由于净水护岸的研究对象侧重于城市护岸，景观美学上的考虑也是非常重要的。

发展净水护岸技术，需要鼓励水利工程学、生态学、环境工程学和景观美学多学科的合作与融合；需要在工程示范等实践的基础上提升理念。需要在借鉴发达国家经验的基础上立足于自主创新。

净水型护岸的技术类型可划分为净化已入河污染物型和净化入河前径流污染物型两大类。净化入河前径流污染物型净水护岸可根据径流雨水经由岸坡进入河道的方式来划分为管沟入河型和漫流入河型；也可根据河道常水位以上的护岸坡度不同划分为陡坡型和缓坡型。

（2）提出净化入河径流污染物的净水护岸方案——净水石笼护岸。由于在箱笼内的基质为大粒径砾石，且天然纤维垫内没有土壤，选择在这样恶劣条件下，能够生存的生命力强的水生植物是该护岸结构能否可行的关键。模拟试验表明，芦苇、三棱草和李氏禾是很好的水生植物选择，其根系对石笼有明显加固效果，且至少能适应在0.5m范围内的水位涨落，说明净化入河径流污染物的净水石笼护岸方案是可行的。

（3）提出净化径流雨水的缓坡净水护岸方案——柔性排护岸。该方案利用大孔隙混凝土砖的砖间隙作为布水通道，实现了径流雨水在排体内植物和骨料间逐层阻滞后的深度渗滤，强化了对雨水径流的阻滞作用和渗滤强度。

大孔混凝土配合比优化试验和种植试验表明，柔性排不仅有足够的抗压强度和抗折强度来保证护岸安全稳定，同时还具有合适的孔隙率和碱度还支持植物生长；大孔隙混凝土砖的土壤低填充率有利于雨水进一步扩散入砖的孔隙内，另一方面，低填充率并不会影响排体上生长植物的覆盖度，说明适用于缓坡的净化径流雨水的柔性排护岸方案是可行的。

（4）提出净化径流雨水的陡坡净水护岸方案——净水箱护岸。本结构兼具有表面流湿地（FWS）和潜流湿地（SSF）特点，又可起到拦水蓄水塘作用。该方案既可用于新建护岸工程，也可用于对已建挡土墙护岸的改造工程。对于改造工程，需在规划阶段进行行洪验算。

对于以管沟形式入河的径流雨水而言，需要对原有排水管进行局部改造，增设雨水跳跃井、小型蓄水池和布水管等辅助设施。对于以漫流形式入河的径流雨水而言，只需对第一层净水箱上面的盖板单侧设汇水口既可，则沿岸坡漫流而下的雨水可通过盖板上的汇水口直接进入净水箱护岸结构中。

（5）净水型护岸的设计原则：满足生态型护岸的设计原则，即要满足生态型护岸的安全性、景观性（亲水性）和生态性设计原则；满足生物-生态修复技术与工程结构结合的设计原则；因地制宜的设计原则。满足建设、运行和维护的经济性原则。净水型护岸建设比常规护岸结构有所增加，但其增加部分应小于将分离的初期径流输往污水厂的管线建设费用；同时，净水型护岸的运行和维护必须是低能耗（或零能耗）和低成本的，其费用应少于等于负荷污水在污水厂的处理费用。

# 第3章　净水箱护岸处理雨水径流污染技术研究

## 3.1　净水箱滤料除污性能研究

### 3.1.1　滤料选择

选择合适的基质材料，是构建人工湿地、提高其净化能力的关键措施。对于潜流湿地而言，有选择地使用不同种类的基质材料作为床体材料，可以实现湿地的特定性能控制。

常用湿地基质种类和其主要矿物含量见表3.1。净水箱内滤料的选择强调的是在短暂行水期对污染物的高效截留，所以宜选用表面多孔的基质，这将有利于污染物进入基质的内部而被吸附，从而增加其吸附量。由于粗砂、砾石表面相对光滑，一般不具有很大的阳离子交换容量，且其质量偏重，会增加底层砌块承重，所以不予选用。

表 3.1　　　　　　　　　　　常用基质的主要矿物含量[82]

Tab. 3.1　　　　　　Contents of major mineral elements in substrates　　　　单位：%

| 化学成分 | 砂子 | 砾石 | 钢渣 | 高炉渣 | 煤灰渣 | 沸石 | 陶粒 |
|---|---|---|---|---|---|---|---|
| $SiO_2$ | 95.83 | 63.16 | 14.64 | 36.00 | 53.01 | 68.96 | 62.12 |
| $CaO$ | 0.27 | 3.08 | 43.06 | 41.4 | 6.09 | 0.92 | 3.26 |
| $MgO$ | 0.10 | 8.76 | 8.24 | 6.40 | 2.50 | 0.48 | 2.04 |
| $Fe_2O_3$ | 1.20 | 0.46 | 7.97 | 0.68 | 9.51 | 1.97 | 7.84 |
| $FeO$ | — | 8.04 | 16.49 | — | — | — | — |
| $Al_2O_3$ | 1.50 | 3.54 | 3.23 | 11.2 | 24.15 | 10.28 | 16.32 |
| $K_2O$ | 1.76 | 0.13 | 0.08 | 0.10 | 0.90 | 0.60 | 1.14 |
| $Na_2O$ | 1.40 | 0.51 | 0.21 | 0.14 | 0.80 | 3.40 | 2.12 |
| $P_2O_5$ | <0.001 | 0.06 | 1.15 | 1.53 | 0.017 | 0.001 | 0.016 |

叶建锋[82]对多种基质进行的静态吸附性能研究表明，基质含钙、铝量的不同会直接影响到基质对磷的吸收量。磷可以和湿地中的金属离子发生反应而沉淀下来，与 Ca 和 Mg 反应主要在碱性条件下，而与 Al 和 Fe 反应主要在酸性湿地中。由于净水箱内的 pH 值在净化污水过程中是处于一种动态的变化过程，水环境可能存在酸性与碱性交替状态，所以其内滤料宜选择 Al、Fe 和 Ca、Mg 都相对丰富的基质。预计净水箱内的 pH 值在净化污水过程中以偏酸性为主，Al、Fe 含量高非常重要，从表3.1可以看出，高炉渣、煤灰渣和陶粒基本满足以上要求。

叶建锋[82]研究表明，基质对氨氮和磷的最大理论吸附量随温度的改变而改变。高炉渣和煤灰渣对氨氮和磷的最大理论吸附量随温度降低而降低，而陶粒恰好相反，在温度由25℃降到5℃时，陶粒对氨氮和磷的最大理论吸附量随温度的降低分别升高了512.89%和131.97%。

通常情况下，温度的升高对吸附作用的两个阶段——颗粒外部扩散阶段和颗粒内部扩散阶段的扩散运动都有促进作用。温度升高，不仅使溶液中氨氮和磷克服基质表面液膜阻力的能力增强，而且有利于基质表面吸附的氨氮和磷沿基质微孔向其内部迁移，使可供使用的表面吸附位增多。另一方面，温度还对吸附剂本身的溶解性和化学吸附潜能有影响，随着温度的升高，若吸附剂自身的溶解度增大，化学吸附潜能降低，那么，其吸附能力就降低；反之，若温度升高，吸附剂的溶解度减小，化学吸附潜能增加，就表现为吸附能力的提高[83]。以上分析说明，陶粒对氨氮和磷的最大理论吸附量随温度的降低而分别升高，应与其在温度降低时溶解度减小，化学吸附潜能增加有关。

考虑到在温度较低的冬季，净水箱内植物和微生物的活性随之减弱，去除氮磷的效果也相应变差。通过选择在温度降低时吸附能力反而增强的基质无疑可以弥补这一缺陷，实现在冬季净水箱对氮磷的更好截留，所以最终选择陶粒作为净水箱内滤料。

合理的基质粒径和形状可调节水力停留时间，提供植物根系生长的有效空间，并减少堵塞。本次试验选用陶粒外观类似球状，粒径 10～15mm。陶粒成分采用 X 射线荧光分析法测定，陶粒的孔隙率、比表面积采用 Auscan-60 压汞仪测定。试验用陶粒基本性能指标见表 3.2 和表 3.3。从表 3.2 化学成分组成可以看出，本试验选用陶粒的 Al、Fe、Ca 和 Mg 含量都比表 3.1 中所列陶粒丰富。

表 3.2　　　　试验陶粒的主要矿物含量（以氧化物计，%）

Tab. 3.2　　　**Contents of major mineral elements of ceramsite adopted**

| 化学成分 | $SiO_2$ | CaO | MgO | $Fe_2O_3$ | FeO | $Al_2O_3$ | $TiO_2$ | $K_2O$ | $Na_2O$ |
|---|---|---|---|---|---|---|---|---|---|
| 含量/% | 53.82 | 8.36 | 2.46 | 9.08 | 1.12 | 16.89 | 0.06 | 2.30 | 2.55 |

表 3.3　　　　　　陶粒各项物理性能测试平均参数

Tab. 3.3　　　　　　**Physic parameters of ceramsite**

| 性能指标 | 密度 /$(kg/m^3)$ | 比重 | 堆积密度 /$(kg/m^3)$ | 孔隙率 /% | 比表面积 /$(m^2/kg)$ | 抗压强度 /MPa | 磨擦损耗率 /% | 盐酸可溶率 /% |
|---|---|---|---|---|---|---|---|---|
| 测试结果 | 740 | 1:1.1 | 570 | 83 | 16.8 | 7.68 | <0.2 | <0.15 |

### 3.1.2　陶粒静态吸附解析试验材料与方法

**1. 试验材料与检测仪器**

氨氮吸附溶液、磷吸附溶液和铜吸附溶液配制使用药剂见表 3.4。

表 3.4　　　　　　试验配制吸附溶液使用药剂

Tab. 3.4　　　**Materials of preparation adsorption solution in experiments**

| 项　　目 | $NH_3-N$ | 活　性　磷 | Cu |
|---|---|---|---|
| 药剂名称 | $(NH_4)_3PO_4$ | $(NH_4)_3PO_4$、$KH_2PO_4$ | $CuSO_4 \cdot 5H_2O$ |

吸附溶液的高、中、低浓度值与后续试验中配置污水的高、中、低浓度值基本一致（见 4.1.2 节）。

试验使用的检测仪器见表 3.5，辅助设备和仪器见附录。

表 3.5　　　　　　　　　　　　　　　试 验 使 用 仪 器

Tab. 3.5　　　　　　　　　　　Apparatuses used in experiments

| 检 测 指 标 | 检 测 仪 器 | 生 产 厂 家 |
|---|---|---|
| 氨氮、活性磷、Cu | HACH DR5000U 紫外可见分光光度计 | 美国哈希公司 |
| 温度 | 水银温度计 | |

**2. 氨氮的静态吸附解析试验方法**

在陶粒对氨氮的吸附平衡分析试验中，称取 9 份 20g 基质陶粒分别置于 250mL 三角烧瓶中（共三组，每组三个平行样），加入高、中、低氨氮浓度（7.35mg/L、14.70mg/L、29.40mg/L）的标准液 200mL，置于恒温摇床中，在 200r/min±1r/min 和 25℃±0.5℃条件下每隔一段时间（0.5h、1.5h、2.5h、15h、48h），测其上清液的浓度，计算基质陶粒吸附氨氮的数量，取其平均值，绘制陶粒吸附氨氮量的变化曲线。

在确定氨氮吸附等温线的实验中，称取 15 份 20g 基质陶粒分别置于 250mL 三角烧瓶中（共五组，每组三个平行样），分别加入不同氨氮浓度（7.35mg/L、11.03mg/L、14.70mg/L、22.05mg/L、29.40mg/L）的标准液 200mL，置于恒温摇床中，在 200r/min±1r/min 和 25℃±0.5℃条件下，48h 后离心，测其上清液的氨氮浓度。根据其浓度的变化，计算基质氨氮的吸附量，取其平均值，绘制基质陶粒的氨氮吸附等温曲线。

在基质氨氮饱和吸附后等温解析试验中，称取吸附氨氮饱和后的陶粒基质 3 份 20g 置于 250mL 三角烧瓶中，加入蒸馏水 200mL 置于恒温摇床中，在 200r/min±1r/min 和 25℃±0.5℃条件下摇不同时间（0.5h、1.5h、2.5h、15h、48h）后离心，测其上清液的氨氮浓度，计算基质陶粒的解析的数量，绘制其氨氮解析曲线。

**3. 磷的静态吸附解析试验方法**

在陶粒对磷吸附平衡分析实验中，称取 9 份 20g 基质陶粒分别置于 250mL 三角烧瓶中（共三组，每组三个平行样），加入高、中、低磷浓度（6.13mg/L、12.25mg/L、25.00mg/L）的 $KH_2PO_4$ 标准液（以 P 计）200mL，置于恒温摇床中，在 200r/min±1r/min 和 25℃±0.5℃条件下每隔一段时间（0.5h、1.5h、2.5h、15h、48h），测其上清液的浓度，计算基质陶粒吸附磷的数量，取其平均值，绘制陶粒吸附磷量的变化曲线。

在确定磷吸附等温线的实验中，称取 15 份 20g 基质陶粒分别置于 250mL 三角烧瓶中（共五组，每组三个平行样），分别加入不同的磷浓度（6.13mg/L、9.19mg/L、12.25mg/L、18.63mg/L、25.00mg/L）的 $KH_2PO_4$ 标准液（以 P 计）200mL 置于恒温摇床中，在 200r/min±1r/min 和 25℃±0.5℃条件下，48h 后离心，测其上清液浓度，根据其浓度变化计算基质陶粒的吸附量，取平均值绘制基质陶粒等温吸附曲线。

在基质磷饱和吸附后等温解析实验中，称取 3 份 20g 吸附磷饱和后的基质陶粒，置于 250mL 三角烧瓶中，加入蒸馏水 200mL 置于恒温摇床中，在 200r/min±1r/min 和 25℃±0.5℃条件下摇不同的时间（0.5h、1.5h、2.5h、15h、48h）后离心，测其上清液的磷浓度，计算基质陶粒的解析的数量，绘制基质陶粒磷解析曲线。

**4. 铜的静态吸附解析试验方法**

在陶粒对铜的吸附平衡分析实验中，称取 9 份 20g 基质陶粒分别置于 250mL 三角烧瓶中（共三组，每组三个平行样），加入高、中、低铜浓度（1.5mg/L、3.0mg/L、6.0mg/Lmg/L）的 $CuSO_4 \cdot 5H_2O$ 标准液（以 Cu 计）200mL，置于恒温摇床中，在 200r/min$\pm$1r/min 和 25℃$\pm$0.5℃ 条件下每隔一段时间（0.5h、1.5h、2.5h、15h、48h），测其上清液的浓度，计算基质陶粒吸附铜的数量，取其平均值，绘制陶粒吸附铜量的变化曲线。

在确定铜吸附等温线的实验中，称取 15 份 20g 基质陶粒分别置于 250mL 三角烧瓶中（共五组，每组三个平行样），分别加入不同的金属铜浓度（1.5mg/L、2.3mg/L、3.0mg/L、4.5mg/L、6.0mg/L）的 $CuSO_4 \cdot 5H_2O$ 标准液（以 Cu 计）200mL 置于恒温摇床中，在 200r/min$\pm$1r/min 和 25℃$\pm$0.5℃ 条件下，48h 后离心，测其上清液浓度，根据其浓度变化计算基质陶粒的吸附量，取平均值绘制基质陶粒等温吸附曲线。

在基质铜饱和吸附后等温解析实验中，称取 3 份 20g 吸附铜饱和后的基质陶粒，置于 250mL 三角烧瓶中，加入蒸馏水 200mL 置于恒温摇床中，在 200r/min$\pm$1r/min 和 25℃$\pm$0.5℃ 条件下摇不同时间（0.5h、1.5h、2.5h、15h、48h）后离心，测其上清液的铜浓度，计算基质陶粒的解析的数量，绘制基质陶粒铜解析曲线。

### 3.1.3 基质对氨氮的静态吸附解析性能

#### 1. 基质对氨氮的静态吸附性能

图 3.1 为陶粒对不同浓度氨氮的吸附效果（25℃）。可以看出，陶粒对氨氮的吸附量随溶液中氨氮浓度增高而增高，呈显著线性相关。由表 3.6 不同时间氨氮吸附量占饱和状态（48h 时）吸附量的百分比，可以看出，平衡时间随着溶液氨氮浓度增加而延长，在低浓度情况下，陶粒吸附在 1.5h 时基本处于吸附和解析的动态平衡状态；而中浓度和高浓度时，吸附平衡时间基本上为 2.5h。陶粒对氨氮的吸附量随溶液中氨氮浓度增高而增高源于两个主要因素：一是溶液浓度越高，可供基质吸附的氨氮越多；二是，溶液浓度越高，溶液本体与基质外表面液膜之间的浓度差越大，导致氨氮向基质表面迁移的动力增大。

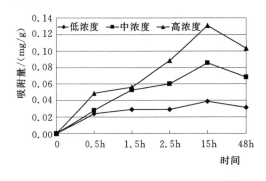
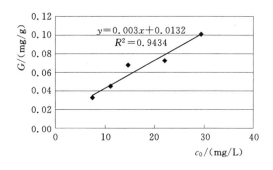

图 3.1　陶粒对不同浓度氨氮的吸附效果（25℃）

Fig. 3.1　Adsorption effect of ceramsite to NH$_3$ - N

#### 2. 基质对氨氮的静态解析性能

图 3.2 为不同氨氮溶液浓度下吸附饱和陶粒的解析效果，可以看出，陶粒对氨氮的解析量随吸附量增高而增高，且解析速度都很快，达到初步解析平衡时间都在 24h 以内，说

明陶粒对氨氮的吸附是快速可逆的。在高浓度氨氮溶液中吸附饱和的陶粒，其在达到解析平衡后的 4d 时间里，陶粒解析量基本稳定。而由中浓度和低浓度氨氮溶液吸附饱和的陶粒，其在达到初步解析平衡 1d 后，出现吸附大于解析的动态过程，并在 24h 以内达到新的解析平衡点，尤以低浓度氨氮溶液吸附饱和陶粒明显。

| 表 3.6 | 不同时间氨氮吸附量占饱和状态（48h 时）吸附量的百分比 |
| :-- | :-- |

Tab. 3.6　Percentage of NH₃ – N adsorption quantity accounting

for total adsorption quantity in saturation　　　　单位：%

| 时间/h ＼ 原液起始浓度 $c_0$/(mg/L) | 7.4 | 14.8 | 29.6 |
| :--: | :--: | :--: | :--: |
| 0.5 | 76 | 41 | 47 |
| 1.5 | 92 | 78 | 54 |
| 2.5 | 94 | 89 | 86 |

由表 3.7 中陶粒氨氮吸附饱和后氨氮最大解析量和解析比可以看出，在解析的 1d 内，陶粒的解析比很高；同时也说明，当溶液氨氮浓度在解析平衡后下降，解析进程还会继续下去。说明陶粒对氨氮没有实际的去除效果，其在湿地中的对氨氮的去除只是起到缓存作用，最终的氨氮去除是通过植物和微生物的协同作用来实现的，并随着基质间溶液氨氮浓度的降低，陶粒继续其释放氨氮的进程；从另一方面也说明陶粒对氨氮吸附能力是可以生物再生的。

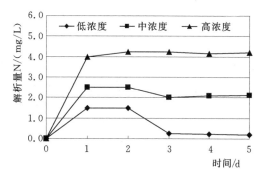

图 3.2　不同浓度氨氮溶液吸附饱和陶粒的解析

Fig. 3.2　Separation of ceramsite in adsorption
saturation of NH₃ – N

| 表 3.7 | 陶粒氨氮吸附饱和后的氨氮最大解析量和解析比 |
| :-- | :-- |

Tab. 3.7　Maximum separation amount and ratio of ceramsite

in adsorption saturation of NH₃ – N

| 原液起始浓度 $c_0$/(mg/L) | | 7.4 | 14.8 | 29.6 |
| :--: | :--: | :--: | :--: | :--: |
| 最大吸附量 $G$/(mg/g 陶粒) | | 0.0315 | 0.0680 | 0.1035 |
| 解析 1d | 最大解析量/(mg/g 陶粒) | 0.0150 | 0.0250 | 0.0400 |
| | 解析百分比/% | 47.6 | 36.8 | 38.6 |
| 解析 5d | 最大解析量/(mg/g 陶粒) | 0.0018 | 0.0212 | 0.0420 |
| | 解析百分比/% | 5.7 | 31.2 | 40.6 |

### 3.1.4　基质对磷的静态吸附解析性能

图 3.3 为陶粒对不同浓度磷的吸附效果（25℃）。可以看出，陶粒对磷的吸附量随溶液中磷浓度增高而增高，呈显著线性相关。陶粒吸附在 15h 后处于吸附和解析的动态平衡状态，陶粒对磷的吸附量不再增加。由表 3.8 不同时间磷吸附量占饱和状态（48h 时）吸

附量的百分比可以看出，在三种浓度情况下的前1.5h，陶粒对磷的吸附速度都很慢，在1.5～2.5h间，吸附量增长较快，百分比分别为55％、60％、75％，在此阶段，陶粒吸附速度随溶液浓度提高而加快。陶粒对磷的吸附量随溶液中磷浓度增高而增高源于两个主要因素：一是溶液浓度越高，可供基质吸附的磷越多；其次，溶液浓度越高，溶液本体与基质外表面液膜之间的浓度差越大，导致磷向基质表面迁移的动力增大。

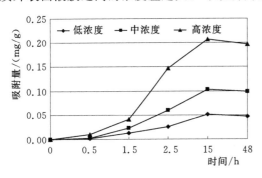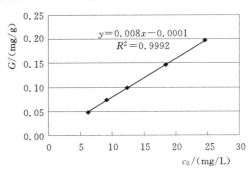

图 3.3　陶粒对不同浓度磷的吸附效果（25℃）

Fig. 3.3　Adsorption effect of ceramsite to phosphor

表 3.8　　　　　不同时间磷吸附量占饱和状态（48h时）吸附量的百分比

Tab. 3.8　　　　　Percentage of phosphor adsorption quantity accounting

for total adsorption quantity in saturation

| 时间/h | 原液起始浓度 $c_0$/(mg/L) | 6.174 | 12.348 | 24.696 |
|---|---|---|---|---|
| 0.5 | | 4％ | 3％ | 5％ |
| 1.5 | | 27％ | 24％ | 21％ |
| 2.5 | | 55％ | 60％ | 75％ |
| 15 | | 109％ | 104％ | 105％ |

　　图3.4为不同浓度磷溶液吸附饱和陶粒的解析效果，可以看出，陶粒对磷的解析量随吸附量增高而增高，且解析速度都很快，达到初步解析平衡时间都在24h以内。由不同浓度磷溶液吸附饱和的陶粒，其在达到初步解析平衡1d后，都出现吸附大于解析的动态过程，随后达到新的解析平衡点，尤以低浓度磷溶液吸附饱和的陶粒明显。

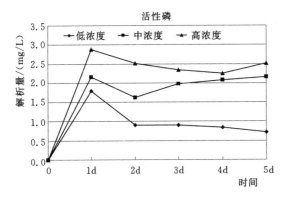

图 3.4　不同浓度磷吸附饱和陶粒的解析效果

Fig. 3.4　Separation of ceramsite in adsorption

saturation of phosphor

　　由表3.9中陶粒磷吸附饱和后磷最大解析量和解析比可以看出，在解析的1d内，陶粒的解析比偏高，说明部分磷是以范德华力吸附在晶体物质表面的弱吸附磷（$P_{labile}$）。可溶性无机磷易与陶粒中Fe、Al、Ca发生沉淀反应而固定在基质中，这部分吸附的磷是相对稳定的；但在湿地中，Fe与磷生成的沉淀物会在还原条件下溶解，使磷重新释放，陶粒对磷吸附能力存在部分生物再生的可能。

表 3.9　　　　　　　　陶粒磷吸附饱和后磷最大解析量和解析比

Tab. 3.9　　　　　Maximum separation quantity and ratio of ceramsite

in adsorption saturation of phosphor

| 原液起始浓度 $c_0$/(mg/L) | | 6.174 | 12.348 | 24.696 |
|---|---|---|---|---|
| 最大吸附量 $G$/(mg/g 陶粒) | | 0.0470 | 0.0990 | 0.1966 |
| 解析 1d | 最大解析量/(mg/g 陶粒) | 0.0180 | 0.0216 | 0.0288 |
| | 解析百分比/% | 38.3 | 21.8 | 14.7 |
| 解析 5d | 最大解析量/(mg/g 陶粒) | 0.0072 | 0.0216 | 0.0252 |
| | 解析百分比/% | 15.3 | 21.8 | 12.8 |

### 3.1.5　基质对铜的静态吸附解析性能

**1. 基质对铜的静态吸附性能**

图 3.5 为陶粒对不同浓度铜的吸附效果（25℃）。可以看出，陶粒对铜的吸附量随溶液中铜浓度增高而增高，呈显著线性相关。由表 3.10 不同时间 Cu 吸附量占饱和状态（48h 时）吸附量的百分比，可以看出，三种浓度下陶粒吸附在 1.5h 时基本处于吸附和解析的动态平衡状态，对于中浓度和高浓度，吸附平衡时间略有滞后。

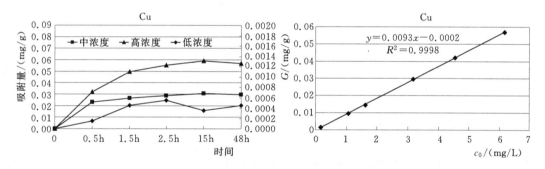

图 3.5　陶粒对不同浓度铜的吸附效果（25℃）

Fig. 3.5　Adsorption effect of ceramsite to Cu

表 3.10　　　不同时间铜吸附量占饱和状态（48h 时）吸附量的百分比

Tab. 3.10　　　Percentage of Cu adsorption quantity accounting

for total adsorption quantity in saturation

| 时间/h \ 原液起始浓度 $c_0$/(mg/L) | 0.165 | 3.169 | 6.174 |
|---|---|---|---|
| 0.5 | 33% | 78% | 56% |
| 1.5 | 100% | 89% | 87% |
| 2.5 | 122% | 97% | 97% |

**2. 基质对铜的静态解析性能**

图 3.6 为不同浓度铜溶液吸附饱和陶粒的解析效果，可以看出，陶粒对铜的解析量随吸附量增高而增高，且解析速度都很快，达到初步解析平衡时间都在 24h 以内。由不同浓

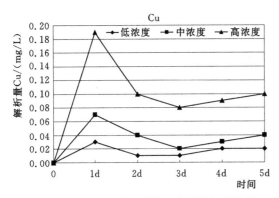

图 3.6 不同铜浓度吸附饱和陶粒的解析效果

Fig. 3.6 Separation of ceramsite in adsorption saturation of Cu

度铜溶液吸附饱和的陶粒，其在达到初步解析平衡 1d 后，都出现吸附大于解析的动态过程，随后达到新的解析平衡点。

由表 3.11 中陶粒铜吸附饱和后最大解析量和解析比可以看出，陶粒中铜的解析特性与陶粒吸附量关系密切。当最大吸附量在 0.03~0.06mg/g（陶粒）时，解析比小于 5％且变化不大；当最大吸附量在 0.00045mg/g（陶粒）时，解析比会显著增大，在第 1 天超过 60％，在第 5 天稳定在 40％以上，说明陶粒铜吸附量在数量级上的差别会导致陶粒中铜的解析特性截然不同。

表 3.11 陶粒 Cu 吸附饱和后最大解析量和解析比

Tab. 3.11 Maximum separation quantity and ratio of ceramsite in adsorption saturation of Cu

| 原液起始浓度 $c_0$/(mg/L) | | 0.165 | 3.169 | 6.174 |
|---|---|---|---|---|
| 最大吸附量 $G$/(mg/g 陶粒) | | 0.00045 | 0.02959 | 0.05694 |
| 解析 1d | 最大解析量/(mg/g 陶粒) | 0.00030 | 0.00070 | 0.00190 |
| | 解析百分比/％ | 66.7 | 2.4 | 3.3 |
| 解析 5d | 最大解析量/(mg/g 陶粒) | 0.00020 | 0.00040 | 0.00100 |
| | 解析百分比/％ | 44.4 | 1.4 | 1.8 |

### 3.1.6 基质吸附等温线分析

对于恒温条件下固-液界面发生的吸附现象，常用 Freundlich 吸附方程表示固体表面吸附量和液体溶质平衡浓度之间的关系，用 Langmuir 吸附方程确定固体介质的理论最大吸附容量和吸附强度。

Freundlich 吸附方程：

$$G = kc^{1/n} \tag{3.1}$$

式中 $G$——吸附平衡时固体表面的吸附量；

$c$——吸附平衡时溶液中溶质的浓度；

$k$、$n$——常数。

$n$ 值一般在 0~1 之间，反映基质的吸附强度，$k$ 值反映基质的吸附能力。

Langmuir 吸附方程：

$$1/G = 1/G_0 + |A/G_0| \cdot |1/c| \tag{3.2}$$

式中 $G$——吸附平衡时固体表面的吸附量，mg/g；

$G_0$——理论饱和吸附量，mg/g；

$c$——吸附平衡时溶液中溶质的浓度，mg/L；

$A$——常数。

根据陶粒对氨氮、活性磷和铜等温吸附试验结果，分别用 Freundlich 吸附方程和 Lang-muir 吸附方程拟合基质吸附等温线，结果如图 3.7 所示，方程参数（25℃）见表 3.12。

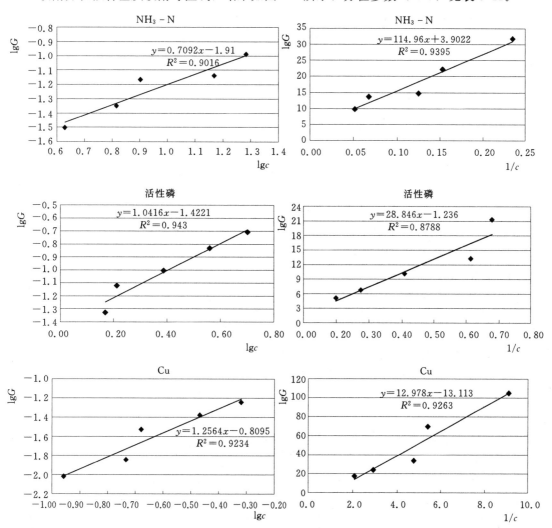

图 3.7　陶粒等温吸附线（25℃）

（Freundlich 方程拟合（左）；Langmuir 方程拟合（右））

Fig. 3. 7　Adsorption isotherm of ceramsite（25℃）

表 3. 12　　　　　　　　　　　陶粒吸附等温曲线方程参数（25℃）

Tab. 3. 12　　　　　　　**Equation parameters of adsorption isotherm of ceramsite**

| 项　　目 | Freundlich 吸附方程 | | | Langmuir 吸附方程 | | |
|---|---|---|---|---|---|---|
| | $k$ | $n$ | $R^2$ | $G$ | $A$ | $R^2$ |
| 氨氮 | 0.0122 | 1.41 | 0.9016 | 0.256 | 29.46 | 0.9395 |
| 活性磷 | 0.0383 | 0.96 | 0.9430 | 0.809 | 23.34 | 0.8788 |
| Cu | 0.1551 | 0.80 | 0.9234 | 0.076 | 0.99 | 0.9263 |

从拟合结果中回归方程拟合度 $R^2$ 可以看出，Freundlich 吸附方程和 Langmuir 吸附方程都与实验数据吻合性较好。通过 Langmuir 吸附方程拟合确定试验陶粒对氨氮、活性磷和 Cu 的最大理论吸附量分别为 0.256mg/g、0.809mg/g 和 0.076mg/g。

在 Freundlich 吸附方程拟合的等温吸附线图中，斜率越大，则说明基质对溶质的吸附容量 $G$ 与吸附平衡浓度 $c$ 之间存在的依赖关系越强，即吸附平衡浓度微小的变化也将导致吸附容量的变化。图中等温吸附线斜率为 $n$ 的倒数，可以看出，在 25℃ 条件下，吸附容量 $G$ 对吸附平衡浓度 $c$ 依赖性依次排序为 Cu＞活性磷＞氨氮。

## 3.2 净水箱内植物生长床研究

### 3.2.1 净水箱内植物生长床设计

薛玉等[32]以沸石为填料构建人工湿地系统来控制暴雨径流污染，试验结果表明，碳源量制约系统去除 $NO_3^- - N$ 能力。Laber 等[84]等通过投加甲醇作为碳源来强化反硝化过程，TN 去除率由 72% 提高到 78%。

为了强化净水箱的反硝化作用，本书用棕纤维植物生长床作为净水箱内水生植物的生长平台。植物生长床研发详见 2.2.2 节。

为了使植物生长床对进水中较大颗粒物有一定的截留作用，生长床中的棕纤维嵌填采用三层结构：最上层 1cm 厚填充密度为 $60kg/m^3$，最下层 1cm 厚填充密度为 $90kg/m^3$；中间 8cm 厚密度为 $40kg/m^3$。

### 3.2.2 棕纤维对水质影响分析

棕纤维的主要化学成分是纤维素、半纤维素和木质素，纤维素是构成植物细胞壁的主要组分，木素和半纤维素一起充填于微原纤维（microfibril）之间起加固黏结作用。

纤维素由许多 β-D-吡喃式葡萄糖通过 1→4 苷键连接形成的线型高聚物。分子式为 $(C_6H_{10}O_5)n$，$n$ 为葡萄糖基的数量，称为聚合度（DP），随原料种类的变化，天然纤维素的平均聚合度为 7000～10000。纤维素的分子量、聚合度根据种类及测定方法的不同有较大的差别[85]。纤维素分子链沿着链长方向彼此近似平行地排列着，借分子间的醇羟基形成强有力的氢键聚集成微纤维。排列整齐紧密的部分为纤维素的结晶区，酶分子及水分子难以侵入到其内部；排列不整齐、较松散的部分为纤维素的无定形区，纤维素的无定形部分比结晶部分易降解。

在一个典型的降解纤维素的生态系统中，水解纤维素的各种细菌和真菌分泌协同作用的酶，许多微生物能够产生两种以上的纤维素酶，这些酶可以协同催化纤维素降解[86-89]，将不溶性的纤维素底物转化成可溶性糖。在酶降解过程中，微纤维排列和取向的无序化及纤维素晶格的转变，是结晶纤维素难以被降解的主要原因[90]。以上研究说明棕纤维中的纤维素在自然条件下，可水解成可溶性糖作为有机碳源，且其中的结晶纤维素降解很慢。

半纤维素是植物细胞壁中具有支键和侧链，且分子量较低的非纤维素杂高聚糖，通常含有 100～200 个糖基。包括葡萄糖、木糖、甘露糖、阿拉伯糖和半乳糖等，单糖聚合体间分别以共价键、氢键、醚键和酯键连接。半纤维素在微生物作用下完全水解后生成 D-葡萄糖、D-甘露糖、D-半乳糖、D-木糖、L-阿拉伯糖以及少量的 L-鼠李糖、D-葡萄糖醛酸、4-O-甲基-D-葡萄糖醛酸、D-半乳糖醛酸等，半纤维素较纤维素易于水解[86,87]。以上分析说明棕纤维中的半纤维素可在自然条件下水解提供有机碳源,且在同等条件下,优先于纤维素被微生物降解。

木质素是以苯丙烷为结构单元,通过醚键-碳键彼此连接成具有三维网状的高分子芳香族化合物。其结构复杂,分子量大,十分稳定不易降解,依苯丙烷的侧链取代基不同,它又可分为松柏醇、芥子醇和对香豆素三种不同形式。在自然界中,木质素的完全降解是真菌、细菌及相应微生物群落共同作用的结果,其中真菌起着主导作用[91,92],将木质素最终降解为 $CO_2$。天然木素降解是消耗碳源、氨源的过程,碳源和氨源是微生物降解木质素和产酶的一个极为重要的影响因素[93-96]。由于棕纤维内木素不能作为唯一碳源支持微生物的生长,微生物降解木素需要另外的碳源(糖类),所以会部分消耗纤维素降解产生的可溶性糖。木素降解会消耗少量氨源,对净水箱内氮迁移转化有轻微影响,但其可被计入氨氮的去除;同时,木素降解基本上是一个氧化过程,会对水中溶解氧产生消耗。

在植物组织中,木质素、纤维素和半纤维素以共价键形式结合,将纤维素分子包埋于其中,形成坚固的天然屏障,使一般的微生物很难进入其中分解纤维素。因此,木质素的降解是纤维素利用的限制因素[97]。以上分析说明棕纤维内木质素和纤维素的降解是同步进行的,由于木质素降解缓慢,保证了棕纤维内纤维素作为主要有机碳源的持久而稳定的释放,同时也保证了棕纤维长期作为植物生长载体的可能。通常湿地中木本植物枝条和根的衰减率很低,为每年 0.18~0.30[115],据此推算,棕纤维作为天然纤维中最耐腐蚀的材料之一,其在净水箱内的使用寿命应该在 6 年以上。

综上所述,说明棕纤维可为净水箱提供稳定而持久的有机碳源;同时,棕纤维是脱胶工艺处理后的产物,其主要成分纤维素、半纤维素和木质素的化学组成中都不含有氮磷,棕纤维生物降解过程中本身氮磷释放对长期运行的净水箱结构而言是可忽略不计的。另一方面,植物生长床内棕纤维具有很大的比表面积,和陶粒一样可成为生物膜的良好载体,参与净水箱内污染物的去除。

## 3.3 水生植物的选择研究

净水箱是非周期性充水,水位变化很大,一个月中可能经历数次干、湿的交替变化,所种植物必须既能抗涝又能抗旱;另一方面,净水箱内空间小、条件苛刻,且为增强净水效果,所以在植物选择上,宜选种可在棕纤维垫内生长、生命力强、耐污和在我国分布广泛的多年生水生植物。

### 3.3.1 可选水生植物种类

水稻栽培采用浅—湿—干模式灌溉,稻田内水位变化条件和净水箱内很接近。稻田耕作中通常采用深翻切断地下根茎、人工拔除大草和使用除草剂等多种措施控制田内杂草,但对稻田内杂草的根除仍不是件易事。虽然除草剂技术日新月异,可还是有经常性的稻田杂草爆发现象。稻田杂草是与水稻生长过程中的共生植物,它不仅与水稻争光、争水和争肥,而且对水稻生长有很大的影响[98]。但另一方面,也说明稻田杂草根系发达、繁殖力强、生命力强,且具有很好的抗旱抗涝能力。所以本书计划从在全国范围内危害最严重的稻田杂草中选取净水箱内水生植物种类。目前,在全国范围内主要的稻田难制杂草有稗草、葡茎剪股颖、李氏禾、三棱草和芦苇[99-108]。

### 1. 稗草 (*Echinochloa crusgalli*)

稗草为一年生草本植物，株高 50～130cm，直立或基部膝曲，幼苗胚芽鞘膜质，长 0.6～0.8cm，体光滑无毛；叶片条形，第 1 片叶长 1～2cm，自第 2 片叶开始渐长。种子繁殖，发生期早晚不一，但基本为晚春型出苗的杂草，正常出苗的植株，7 月上旬左右抽穗、开花，8 月初果实即渐次成熟。稗草的生命力极强，是世界性杂草，在我国各地均有分布，特别是黑龙江省，其发生高峰期在 5 月末至 6 月初。

### 2. 葡茎剪股颖 (*Agrostis stotoifera*)

葡茎剪股颖俗名抓根草，为禾本科多年生匍匐茎杂草，多分枝，长可达 1m 左右，节部生根，叶片线形、扁平，叶鞘无毛、稍带紫色，叶舌膜质、长圆形，圆锥花序、绿色或紫绿色，每节具 3～5 个分枝；小穗卵形，外稃顶端钝圆，无芒，内稃短，具二脉，颖果细小、长卵形。稻田主要杂草，通常出现大片优势群落，适合生存于向阳湿地和浅水中，耐酸性和碱性土壤，再生力强，目前已成为我国稻区较难防除的杂草。

### 3. 李氏禾 (*Leersia hexandra Swartz*)

李氏禾又名秕壳草，禾本科杂草，多年生挺水草本，具有地下横走根茎和匍匐茎，茎下部多曲折，高约 30～70cm。部分茎杆可以匍匐，节上长根。叶互生、叶片披针形，5～10mm，背疏生倒钩刺状糙毛，鞘耳呈三角状，花序圆锥状。李氏禾以根茎和种子繁殖。种子和根茎发芽，气温需稳定到 12℃以上。稻李氏禾繁殖力较强，大约每株可产生 8～17 个分蘖，每穗可结 150～250 粒种子，地下根茎 20cm 左右，有 7～8 个节芽。生长环境为稻田、河沟及湖沼湿地，属湿生杂草。李氏禾是强势水生植物，很容易占领水生区域。

### 4. 三棱草 (*Cyperus iria*)

三棱草是多年生莎草科杂草的统称，通常指扁秆蘑草、日本蘑草和异型莎草，因其茎杆都是三棱形而得名。高可达 1.5m，轮生长矛状叶，顶端生棕色花，结果后逐渐变黄；生长于各地的水地带。因其以根茎及球茎繁殖体的危害为重，用除草剂只能杀死三棱草的地上部分，地下根茎及球茎不受影响，所以在很多水稻种植区，三棱草的危害不但没有减轻，反而有加重的趋势。

### 5. 芦苇 (*Phragmites australis*)

芦苇又名苇子或泡芦，广泛分布于全球的温带和热带。多年生湿生草本挺水植物。具有粗壮的匍匐地下走茎，地上茎秆高 1～5m，节上有白粉，叶散生，线状或披针状。花期 7—10 月，果期 8—11 月。喜光耐寒，在 16～32℃ 之间生长良好。芦苇含水率 39%，含氮率、含磷率为 2%、0.29%，单位面积植物量 3.1kg - d. w. /m²，增长速度 32g - d. w. /m²/d，适应 pH 值 3.7～8.0，适应盐度小于 0.1%。芦苇适于生长在湿地、低洼地，其根状茎繁殖力强，耐干旱，耐盐碱，在稻作区很难防除。

以上五种稻田杂草中，稗草为一年生植物，根系在冬季死亡，首先被排除。芦苇作为净化污水的人工湿地的常用植物，王大力[109]、李贵宝和刘芳[110,111]等学者认为由于其具有地下根状茎形成的根孔（包括死根孔与活根孔），可提供一个良好的污染物吸附转化界面。此"多介质界面"特有的微生物活性加速了水体污染物的降解与转化，从而使得大量的磷氮污染物在该界面区得以截留去除，水质得到显著净化。所以芦苇首选为净水箱内的种植植物。

三棱草相对芦苇而言，茎叶肥厚多汁，且鲜绿多棱角，具有更大的生物量和更好的观赏效果，因此入选为净水箱内的种植植物。

葡茎剪股颖和李氏禾都具有很强的生命力，生长状况相似。由于河道水面在雨季通常会上涨，净水箱内植物存在长时间被河水浸泡的可能，对于芦苇和三棱草等大型挺水植物而言，只要有部分茎叶露出水面就不会死亡，但对禾本科中相对矮小的植物种类而言，其耐淹性需要探讨。方华、林建平、陈天富等[112,113]进行的水库消涨带植被恢复研究中，按照"抗旱耐淹、速生耐瘠、无毒无害、水保性状优良"的要求，先后引种了 30 多种地带性野生植物，从中选育出李氏禾作为消涨带最适生的植物。对大多数植物而言，耐旱植物通常不耐涝，耐涝植物通常不适应干旱，而李氏禾兼具抗旱耐淹能力。在新丰江的三年试验，经历了 2001 年秋至 2002 年春的 60 年来罕见的秋、冬、春连旱气候，李氏禾仍能适应其干旱条件；在丰水期，李氏禾受淹最深 10m，淹没时间最长达 10 个月，出露后迅速返青，生长良好。

同时，张学洪等[114]发现李氏禾对铬具有明显的超积累特性，叶片内平均铬含量达 1786.9mg/kg，变化范围为 1084.2～2977.7mg/kg；叶片内铬含量与根部土壤中铬含量之比最高达 56.83，叶片内铬含量与根茎中铬含量之比最高达 11.59，叶片内铬含量与水中铬含量之比最高达 517.86，李氏禾可作为铬污染环境的植物修复物种。

综合考虑李氏禾抗旱耐淹能力和其可能潜在的对一些重金属的富集效果，在葡茎剪股颖和李氏禾两者间，选择李氏禾为植株偏矮小的植物代表，作为净水箱内的种植植物。

在常规的人工湿地植物中，选择了水葱（*Scirpus tabernaemontani*）、香蒲（*Typha*）、菖蒲（*Acorus calamus*）和黄花鸢尾（*Iris pseudacorus*）等景观效果良好的水生植物进行试种。

综上所述，进行试种的水生植物为芦苇、三棱草、李氏禾、水葱、香蒲、菖蒲和黄花鸢尾。

### 3.3.2　材料与方法

为检验试种水生植物在净水箱内生长的可行性，2006 年 4 月进行了试种试验。试种的水生植物取自北京玉渊潭公园，由于以上植物根系发达，较难取出地表 10cm 深度以下根系，所以采用部分主根移植。种植容器为 50cm 深方箱，为便于对水面位置和根系进行监测，方箱材质为白色透明塑料。为检测最差基质的极限条件下植物生长状况，基质选用粒径为 8～10cm 的单级配砾石，砾石层厚度为 40cm；单级配较大砾石的采用同时也便于将植物生长床抬起来监测植物根系。为检测养分贫瘠的极限条件下植物生长状况，方桶内的最初注水为自来水，试验过程中补充水源为屋面径流和自来水，不添加肥料。

为确认植物生长床独立作为植物生长载体的可能性，进行了三组对照试验，第 1 组对照试验中在植物生长床内不填入任何额外载体，在第 2 组对照试验中在植物生长床内填入干细土壤，第 3 组对照试验中在植物生长床内填入粗砂。每组试验中的以上水生植物各移植 10 株。

### 3.3.3　结果与讨论

试验过程中，在移植后经过 14d 的调节适应期，大部分植物开始萌芽生长，而水葱开始枯萎死亡。在 28d 后，已萌芽的香蒲开始陆续枯萎死亡，说明之前萌芽生长的养分源于根茎，当根茎的养分耗尽后香蒲就陆续枯萎；试种芦苇和三棱草的大部分，菖蒲和黄花鸢尾中的小部分，在 30d 后叶片开始长高加密，标志着移植植物的成活；而李氏禾在 14d 时的成活率已达到 100%；需要补充说明的是，部分在 2006 年未成活的芦苇根茎经过一个冬天后在 2007 年春开始萌芽并茁壮生长。植物生长床种植的不同水生植物成活率见表 3.13。

表 3.13　　　　　　　　　　在植物生长床上种植的不同水生植物成活率
Tab. 3.13　　　　　Survival ratios of different hydrophytes in planting bed

| 植　物　种　类 | | 芦苇 | 三棱草 | 李氏禾 | 水葱 | 香蒲 | 菖蒲 | 黄花鸢尾 |
|---|---|---|---|---|---|---|---|---|
| 植物成活率 /% | 第 1 组 | 60 | 70 | 100 | 0 | 0 | 10 | 10 |
| | 第 2 组 | 60 | 70 | 100 | 0 | 0 | 20 | 20 |
| | 第 3 组 | 70 | 90 | 100 | 0 | 0 | 20 | 30 |

三组对照试验表明，总体而言，植物成活比例中，第 3 组（填入干细土壤）＞第 2 组（填入粗砂）＞第 1 组（无额外载体），但效果差别不大；在后续监测中，当 45d 后植物根系穿过生长床扎入砾石间隙时，三组中的同种成活植物的生长状况已无差异，说明植物生长床可独立作为植物生长载体。

成活后的植物生长速度明显加快。李氏禾通过基部的分蘖生长，当年每株平均分蘖 13 条，迅速占满水面；探出的长秆下部，每个节亦可遇水生根，由于基部分蘖出的叶片将水面遮盖，探出的长茎叶没有着生的水面或生长床，导致其不断伸长，探出方箱长达 40～100cm，表现出极好的耐瘠速生能力。李氏禾水下根系细密，单株下须根数量在 30 条以上，较难计数，单根直径约为 1mm，平均长度为 40cm，最长可达 60cm；试验表明李氏禾的根系长度与箱内水位高度有直接关系，当箱内水位下降时，其根系随之增长，在林建平等进行的新丰江水库消涨带植被恢复试验中，李氏禾根系最长可达 1.5m。

三棱草根茎在箱内横走，伴有新芽探出水面长成新的植株，当年每株增殖 8～12 株，迅速占满水面；由于生长床内为棕纤维，相对土壤而言更便于根茎的伸展，所以源于一株的三棱草株距为 2～3cm，不同于野外三棱草的簇状增殖。三棱草茎基部的须根数量不多，数量为 6～10 根，长度为 15～20cm；其乳白色根状茎比较发达，穿梭于生长床和砾石间隙内，直径约为 4mm，并间有直径约为 10mm 的球茎。

芦苇也表现出良好长势，由于在试种的第 1 年其水下根状茎没有长成，所以增殖是通过基部的分蘖来实现的，当年每株分蘖 6～9 条。芦苇茎基部的须根数量和长度都要强于三棱草，数量为 15～25 根，长度为 25～35cm，但数量和长度都远不能和李氏禾相比。

菖蒲和黄花鸢尾虽然成活，但表现为明显的不适应状态，茎叶矮小单薄，高度只有 50cm；基部的分芽生长缓慢，到了秋季的枯萎时节，亦没有长到其母株的高度，且黄花鸢尾一直未开花。

以上试验说明水葱和香蒲根本不能适应缺少土壤和养分的恶劣生存环境；菖蒲和黄花鸢尾虽然成活，但表现为明显的不适应状态；李氏禾、三棱草和芦苇作为危害稻田最重的几种杂草，表现出极强的生命力和速生耐瘠能力。综上所述，净水箱内最终的种植植物确定为李氏禾、三棱草和芦苇。

事实上，预计汇入净水箱内的径流雨水或合流管线溢流污水氮磷含量很高，基质和植物根系在行水期截留的养分也可部分支持植物在静置期的生长。本方案旨在检验植物在降雨间期较长、缺少养分且疏于维护的极限状态下，植物的生存能力，并据此选择水生植物种类。如在降雨间期较长时适当补充养分，维护管理到位，菖蒲和黄花鸢尾等观赏植物也可以在净水箱内达到良好的长势。

## 3.4　防蚊虫孳生和异味控制

设计的净水箱护岸位于市区，是作为一个为市民提供水边休闲场所的景观型护岸来考虑的；而另一方面，用净水箱护岸处理雨水径流可能会引发蚊虫孳生和散发异味等负面问题。异味和蚊子的存在会影响感观，同时蚊子还可能传播疾病，所以有必要对蚊虫和异味控制问题进行设计和论证。

### 3.4.1　防蚊虫孳生设计

**1. 蚊虫孳生特点**

在成蚊生存的 2～3 周时间里，一般在孵化地周围 500m 范围内飞行。一些种类的蚊子将卵孵化在潮湿的土壤和植物上，另一些种类的蚊子则在浅水区和湿地表面孵卵。在水中或水表面数小时后，这些卵开始孵化，并向水中释放幼虫。在一周时间内，幼虫蜕皮后经过五个生长阶段，转化成蛹，在之后的两三天时间内蛹转化为成蚊[115]。

**2. 防蚊虫孳生措施**

通常在天然湿地中，水中蚊子幼虫的数量控制是通过食蚊鱼和水生昆虫来实现的，在本净水箱方案中需要考虑其他措施来防止蚊虫孳生。根据蚊子繁衍的特点，可用采用以下两种控制方案：

第一种方案是让净水箱内不具有蚊子幼虫栖息的自由水面。将溢流孔高度设定为低于箱内植物生长床上表面 2cm，这样可以将净水箱内水面位置始终控制在棕纤维内；同时加密植物生长床上表面棕纤维，使雌蚊很难钻入。这一措施也存在缺点，溢流孔下调意味着净水箱污水有效容积的减小，相应水力停留时间也会缩短，削弱了系统对污水的净化效果。

第二种方案是根据当地气温变化规律和气候特点来设定溢流孔高度，控制净水箱内生长床上自由水面存在时间。蚊子幼虫需要一周时间蜕皮来成为蛹，在这一周时间内蚊子幼虫离开水体就会死亡。以北京为例，监测表明，由于植物的蒸腾作用和水分蒸发，在非雨天净水箱液面高度平均日下降高度为 0.5～1.5cm；在北京两次降雨事件间期在 5d 以内的概率很小，如将溢流孔高度设定在距植物生长床上表面 5cm 位置，则可基本上将净水箱内自由水面存在时间控制在一周内。溢流孔位置提高可使净水箱内污水的有效容积增加约 20L（第一种方案中净水箱内污水的有效容积测定为约 50L），将行水期的水力停留时间延长约 40%，同时也等比例提高了净水箱的拦蓄污水量。

第二种方案虽然不如第一种方案可以完全杜绝蚊子在净水箱内繁殖，但是可以有效降低蚊子的繁殖成功率，将蚊子的负面影响控制在一定范围内。为了检测净水箱护岸结构在最不利情况下的去污效果，在后续试验中，加工的净水箱溢流孔位置设定采用的是第一种方案。

### 3.4.2　异味控制

对于处理污水的湿地系统，进水水质较差就可能引发严重的气味问题。而产生异味的化合物通常与湿地系统中的厌氧条件相关，所以有效的解决办法是增强湿地系统的好氧条件。

在净水箱中，用透气性良好的棕纤维植物生长床代替了传统潜流湿地的土壤层，同时有行水期的跌水作用，可以有效增强净水箱内的好氧条件，并防止异味的积累。所以，即使在汇入净水箱内的污水为合流管线溢流污水的最不利情况下，异味的影响也会较小。

## 3.5　耐旱和耐冻研究

净水箱护岸结构设计的一个主要出发点是维护简单。城市降雨间期因地域不同存在很大差异，同一地区的不同季节降雨频率也有很大差异，如果不充分考虑净水箱系统的耐旱功能，则其内种植的水生植物很有可能在较长的降雨间期内干旱而死。同时，在我国北方地区冬季普遍存在冰冻现象，对于天然湿地中的多年生植物，根系有土壤保温作用而不会死亡，但在棕纤维垫内存在植物根系冻死的可能，如果净水箱系统不能保证其内过冬植物成活，则每年重复移植水生植物势必增加维护成本。所以有必要对净水箱系统耐旱和耐冻能力进行研究。

### 3.5.1　耐干旱、耐冻设计

对净水箱系统耐干旱、耐冻性能进行提高，从以下三种措施着手：

（1）选用比表面积大的滤料。沸石、高炉渣、煤灰渣和陶粒等多孔隙基质在保水性能上明显优于砾石和粗砂，本方案中选用的多孔隙陶粒比表面积为 $16.8m^2/kg$，孔隙率高达 $83\%$，具有很好的保水效果；多孔隙基质同样具有很好的保温效果。

（2）选种在全国范围分布、根系发达的水生植物。水生植物由于种类的不同，其耐旱能力存在巨大差异，耐旱能力强的水生植物通常茎杆中空或纤细，叶子也相对轻薄，地上部分水分含量偏少，且根系发达。本方案中芦苇和李氏禾都是耐旱能力很强的植物，三棱草耐旱能力相对芦苇和李氏禾而言较弱，但其根状茎深而发达，同样保证了较好的耐旱效果。李氏禾具有发达的地下根系，芦苇和三棱草拥有可储备养分、具有繁殖功能和很好埋深的根状茎，可保证良好的抗冻能力。

（3）选用比表面积大的天然纤维作为生长床填充材。选用的棕纤维为较细的中空结构，外表面不具有蜡质，比表面积大，因而具有很好的保水功能。棕纤维和植物根系在生长床内盘结交错成三维空间结构，生长床内部的比热相应增加，对过冬植物有较好的保温作用。

### 3.5.2　耐干旱、耐冻试验

**1. 耐干旱试验**

为了检验净水箱系统的实际耐旱效果，2006 年 9 月对其进行了耐旱试验。试验过程中，阻止包括雨水在内的外界水源进入净水箱。期间北京平均气温为 24℃，14d 后，液面已降至箱底，净水箱内液面下降日平均高度约为 1.4cm，液面下降快与北京秋季空气干燥有很大关系。监测表明，在此期间植物生长状况没有明显改变。17d 后，三棱草首先表现出因缺水引发的茎叶下垂现象，21d 后，芦苇和李氏禾的叶尖开始变黄，三棱草的茎叶也开始略有萎缩，遂对净水箱进行补水，1d 后，三种植物都恢复到正常生长状态，说明试验净水箱系统具有很好的耐干旱能力。

**2. 耐冻试验**

为了检验净水箱系统的实际耐冻效果，对其进行了耐冻试验。试验期间，未对净水箱系统采取任何保温措施，在最初加满水后也未再进行补水。在经历北京 2006 年与 2007 年间有冰冻作用的一个冬天，开春后以上三种植物依然萌芽生长。说明至少在北京及其以南地区的市区环境，试验净水箱系统是可经受冬季考验的。

## 3.6　配套结构设计

### 3.6.1　水下支撑鱼巢砌块设计

为了支撑常水位以上若干层净水箱，兼可营造鱼类的栖息环境，本书对鱼巢砌块进行了设计。出于与上层净水箱砌块对接需要，鱼巢砌块在整体尺寸、咬合凸凹槽和框架结构上与净水箱砌块保持一致；为了增强结构稳定性，为底层鱼巢砌块设计了宽大的底板。

国内以往设计施工的鱼巢护岸都是以在护岸结构中预留一些除临水面都封闭的空间来实现的。这样的鱼巢结构很容易在水位回落时使水生动物困于其中，同时也没有植物枝叶的遮蔽来降低水温和提供保护，不利于水生动物的栖息和繁衍。考虑到水生动物栖息需要，本书在参照日本鱼巢砌块特点的基础上，结合我国具体情况，模拟天然岸坡和天然礁石，在砌块的细节上做了改动。

在砌块正立面加大了开口，便于鱼类进出；砌块分有底板和无底板两种形式，两端和中间的隔板可封闭，也可连通；在每层鱼巢砌块安装过程中，使有底板鱼巢砌块和无底板鱼巢砌块随机布置，形成鱼巢砌块层间的连通与隔断，同时应使鱼巢砌块两端和中间的隔板封闭与连通随机布置，形成鱼巢砌块层内的连通与隔断，从而创造出类似于天然礁石一样的多样生境。在常水位以下有底板鱼巢砌块内填入卵石，便于鱼类产卵繁衍。典型鱼巢护岸砌块的设计图和样品照片如图 3.8 和图 3.9 所示，鱼巢砌块与净水箱砌块整体错室咬合效果如图 3.10 所示。

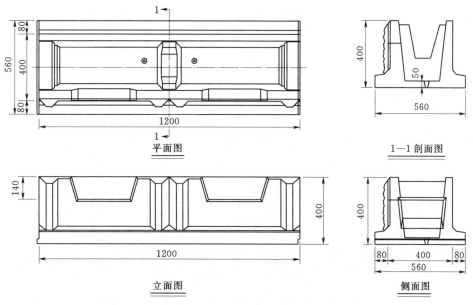

平面图

1—1 剖面图

立面图

侧面图

图 3.8　鱼巢护岸砌块设计图

Fig. 3.8　Design drawing of prefabricated barracuda nest box

图 3.9　鱼巢护岸砌块样品

Fig. 3. 9　Pattern of prefabricated barracuda nest box

图 3.10　鱼巢砌块与净水箱砌块整体咬合效果

Fig. 3. 10　Assembling effect of prefabricated barracuda nest box
and water purifying box

### 3.6.2　蓄水池、跳跃井和布水管设计

#### 1. 蓄水池设计

雨污水调蓄池、初期雨水调蓄池和调蓄隧道等是常见的径流控制设施。其一方面可以对径流污染进行有效治理，另一方面，可以暂时调蓄洪峰径流量，削减洪峰。欧美和日木等发达国家建立许多地下雨水调蓄池，如名古屋的若宫大通蓄水池（316m×47m×10m），最大储留量约为 10 万 m³。上海规划 5 座初期雨水调蓄池，其有效调蓄能力为 7.52 万 m³[116]。总体看，建设初期雨水调蓄池是我国在控制城市雨水径流和合流管系溢流

（CSO）污染的主要趋势。净水箱护岸如果能和城市大型雨水调蓄池结合使用，则水力停留时间可以延长，净水效果会更加理想。

但由于地下雨水调蓄池的高建设成本，我国的大多数城市或城区可能在相当长一段时间不会有地下雨水调蓄池可以利用，因此，需要因地制宜地在河道排水管道附近建设一些小型地下调蓄池，来与净水箱护岸组合使用。用小型地下调蓄池来蓄存初期径流可起到两方面作用。首先，可以对初期径流进行初步沉淀处理。谢卫民等[26]对武汉地区交通要道的降雨径流监测表明，在自然沉降 80min 后，绝大部分污染物可以沉降下来。如果污水能够在进入净水箱护岸处理系统前有不少于 10min 的初步沉淀，就可以减小了很大一部分污染物负荷。其次，当岸坡高差合适时，小型地下调蓄池的高液面可为布水提供水压力；如岸坡高差较小时，则需通过小型水泵来为布水管加压。

小型地下调蓄池的容积设计有两种方案。第一种方案是在条件许可的情况下建设容量偏大的调蓄池，可将岸坡上原排污管的汇水面积内初期径流量全部蓄存。这一方案的优点是可以根据需要调节布水强度，延长污水在净水箱内的水力停留时间，提高去除效果。王和意等[117]对国外不同的城市暴雨径流初始冲刷定义进行分析和比较，建议采用"初期 30％的径流中携带了整个降雨事件污染物总量的 80％"这一初始冲刷定义，来比较合理地对初期径流中污染物进行定量，从而为径流污染治理提供方便。取一次降雨事件中前 4mm 降雨量作为初期径流收集，通常情况下是可以汇集 30％的总径流量的，如汇水面积为 1 万 $m^2$，则需要建设容积为 $40m^3$ 的调蓄池，相对于上述容积上万立方的大型地下雨水调蓄池而言更易建设。

第二种方案是将调蓄池容积缩减为只要能提供布水压力或可用于泵提即可，布水负荷与降雨进程基本同步。这一方案可以使调蓄池容积充分缩减，对于 1 万 $m^2$ 以内的汇水面积而言，只需建设容积为 $1 \sim 5m^3$ 的调蓄池即可解决问题。不过这样规划将显著减少污水在净水箱内的水力停留时间，其对污染物的去除效果需要通过试验分析来论证。

在调节蓄水池设计时，应考虑在底部设存放淤泥的泥斗，以尽量减少新降雨事件产生的初期径流对池内沉积污染物的冲刷作用。

**2. 跳跃井设计**

跳跃井设计是城市雨水径流污染控制的一项关键技术，要解决的主要难题是准确合理地确定需要截流的初期雨量，并实现装置小规模化和控制自动化。通过对国内外市政分流系统的调研分析，发现由车伍等[118]开发的高效率弃流装置（国家发明专利技术）非常适合在本方案中作为跳跃井使用。

该装置兼顾容积法和切换法两类弃流方式的优点，并克服了它们的缺点，其最大特点是用数十分之一的初期雨量来实施对全部初期雨水量的控制，并可自动运行。目前这种装置已经在一些雨水利用工程中设计应用。如图 3.11～图 3.13 所示，在排水管渠的侧面设置分流室，分流室的底面较排水管渠的底面更低，排水管渠的底面和相邻分流室的侧面有管孔与弃流管连通，分流室侧面的管孔处设置放空闸板，在排水管渠与分流室之间有隔断，并在隔断的局部连通，在隔断上设支座，支座上有自动切换机构。其自动切换机构包括支撑在支座上的杠杆，杠杆两端分别连接位于分流室内的浮筒和位于排水管渠底面管孔处的盖板。

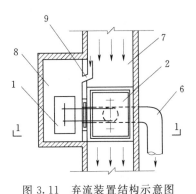

图 3.11　弃流装置结构示意图

Fig. 3.11　Structure sketch of high - efficient initial split - flow equipment

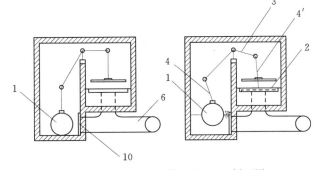

图 3.12　弃流装置结构图的 1 - 1 剖面图

Fig. 3.12　Section 1 - 1 of structure sketch of split - flow equipment

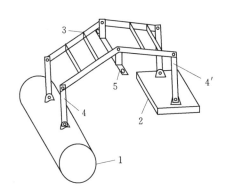

图 3.13　切换装置结构图

Fig. 3.13　Structure sketch of switch part

图 3.11~图 3.13 中：1—浮筒；2—盖板；3—杠杆；4—连杆；5—支座；6—弃流管；7—排水管渠；8—分流室；9—分流缝；10—放空闸板

降雨前，分流室空置，排水管盖板处于开启状态，降雨开始后，部分分流的初期雨水通过分流缝进入分流室，分流室内水位逐渐上升，浮筒也随之上升，并通过连杆和杠杆带动排水管内盖板下降。当进入分流室的雨水达到计算量时，盖板封闭到位，大部分初期雨水已通过弃流管排入蓄水池内，后续雨水排入河道。当降雨结束时，通过排水管内的无压状态来开启分流室的放空闸板，将分流室内污水排入弃流管。在实施时，分流缝不宜过小，以防堵塞；分流缝前的排水管渠应有一段直线稳定段，以保证管渠内主水流和分流的比例均匀稳定。

**3. 布水管设计**

蓄水池内的径流污水可通过河道岸坡的自然高差压入布水管中，当岸坡的自然高差不足时，可通过小型水泵来实现对布水管中污水的加压。布水管由直径约 30cm 的 PVC 管制成，两端封闭，在其上以净水箱砌块长度为间距预留细小出水孔，布水管长度可根据净水箱护岸长度设为几十米至上百米。当布水管中部注入来自蓄水池的压力污水时，污水便会以低负荷通过出水孔滴入第一层净水箱中，然后逐层跌落。

为不影响美观效果，同时可保护布水管，在第一层净水箱的侧壁上预留弧形缺口，将布水管沿护岸方向架在弧形缺口上，其上用预制盖板遮盖。由于在布水管底部每隔 1.2m 设有 1 个出水孔，布水管内不会有存水现象，所以不需要考虑布水管的防冻问题。

## 3.7　本章小结

（1）选择净水箱系统基质从以下三方面入手：①基质高孔隙率；②选择 Al、Fe 和 Ca、Mg 都相对丰富的基质，净水箱内的 pH 在净化污水过程中以偏酸性为主，Al、Fe 含量高非常重要；③选择在温度降低时吸附能力反而增强的基质，来弥补在温度较低的冬季，植物和微生物活性降低的缺陷。综上所述，最终选择陶粒作为净水箱的滤料。陶粒对氨氮和磷的最大理论吸附量随温度的降低而分别升高，应与其在温度降低时溶解度减小，化学吸附潜能增加有关。

陶粒静态吸附试验表明，陶粒对氨氮、活性磷和铜的吸附量随溶液浓度增高而增高，呈显著线性相关，且除活性磷略有滞后外，陶粒对氨氮和铜的吸附在 2.5h 基本达到吸附平衡。

陶粒静态解析试验表明，陶粒对氨氮、活性磷和铜的解析量随吸附量增高而增高，且解析速度都很快，达到初步解析平衡时间都在 24h 以内。其中，陶粒铜吸附量在数量级上的差别会导致陶粒中铜的解析特性截然不同，当最大吸附量在 0.03～0.06mg/g 时，解析比小于 5％且变化不大，当最大吸附量在 0.00045mg/g 时，解析比会显著增大，在第 1 天超过 60％，在第 5 天稳定在 40％以上。

基质吸附等温线分析表明，用 Freundlich 吸附方程和 Langmuir 吸附方程拟合基质吸附等温线吻合性较好；在 25℃条件下，吸附容量 $G$ 对吸附平衡浓度 $c$ 依赖性依次排序为 Cu＞活性磷＞氨氮；用 Langmuir 吸附方程确定的陶粒对氨氮、活性磷和铜的理论最大吸附容量 $G_0$ 分别为 0.256mg/g、0.809mg/g 和 0.076mg/g。

（2）为强化净水箱的反硝化作用，采用棕纤维植物生长床。棕纤维内木质素和纤维素的降解是同步进行的，由于木质素降解缓慢，保证了棕纤维内纤维素作为主要有机碳源的持久而稳定的释放，同时也保证了棕纤维长期作为植物生长载体的可能。

（3）考虑净水箱系统与稻田水力运行条件的相似性，从在全国范围内危害最严重的稻田杂草中选取李氏禾、三棱草和芦苇作为净水箱内水生植物种类。种植试验表明，李氏禾、三棱草和芦苇则表现出极强的生命力和速生耐瘠能力。

（4）设计两种方案来控制蚊子繁衍：一是让净水箱内不具有蚊子幼虫栖息的自由水面；二是让净水箱内自由水面存在时间基本控制在一周以内，减小蚊子繁衍成功率。异味控制分析表明，用透气性良好的棕纤维植物生长床代替传统潜流湿地的土壤层，同时有行水期的跌水作用，可以有效增强净水箱系统内的好氧条件，减少异味产生和积累。

（5）提高净水箱系统耐干旱、耐冻能力从以下三个措施着手：①选用比表面积大的陶粒作为滤料；②选种在全国范围分布，根系发达的李氏禾、三棱草和芦苇；③选用比表面积大的棕纤维作为植物生长床填充材。耐旱试验表明，在 20d 无水补充情况下，净水箱内植物没有死亡，系统具有很好的耐干旱能力。耐冻试验表明，至少在北京及其以南地区的市区环境，试验净水箱系统是可经受冬季考验的。

（6）作为净水箱在常水位以下的支撑结构，鱼巢砌块在整体尺寸、咬合凸凹槽和框架结构上与净水箱砌块保持一致。通过砌块底板、两端和中间的隔板的随机设置，实现鱼巢砌块层间和层内的随机连通与隔断，从而创造出类似于天然礁石一样的多样生境。

蓄水池可以采用两种形式：一是与城市规划建设的大型雨水调蓄池结合使用，则径流雨水在净水箱系统内的水力停留时间可以大大延长；二是需要因地制宜地在河道排水管道附近建设一些小型地下调蓄池，来与净水箱护岸组合使用。小型地下调蓄池的容积设计有两种方案：一是在条件许可的情况下建设容量偏大的调蓄池，将岸坡上原排污管汇水面积内初期径流全部蓄存；二是将调蓄池容积缩减为只要能提供布水压力或可用于泵提即可，布水负荷与降雨进程基本同步。

跳跃井采用高效弃流装置，该装置可用数十分之一的初期雨量来实施对全部初期雨水量的控制，并可自动运行。

# 第4章　净水箱护岸净化径流雨水试验及机理研究

## 4.1　试验材料与方法

### 4.1.1　试验装置构建

为避免混凝土溶出物对试验结果的影响，本试验中使用的净水箱砌块由 3mm 厚不锈钢板焊接而成，其外廓尺寸为宽 0.4m，高 0.4m，长 1.2m。

图 4.1 为单层净水箱试验装置示意图。将容积为 1m³ 的蓄水罐置于 4m 高的铁架上，布水通过蓄水罐与布水管间高差实现；补水桶中的污水由水泵经补水管抽提至蓄水罐中，再经进水管进入布水管。为了保证布水管出水流量稳定，使用触点式液位控制器来控制蓄水罐内液面高差在 20cm 以内，当液面降至低位触点时，水泵启动进行补水，当液面升高至高位触点时，水泵停止补水。为了模拟实际多层组合的应用条件，设长度为 20cm 的 3 孔布水短管，其与净水箱溢流孔高差为 0.4m；为了便于调节布水负荷，在布水短管上方设阀门。为去除试验期间降雨对试验结果的影响，同时不影响光照，在净水箱上方设透明遮雨棚。图 4.2 为四层净水箱组合试验装置示意图。

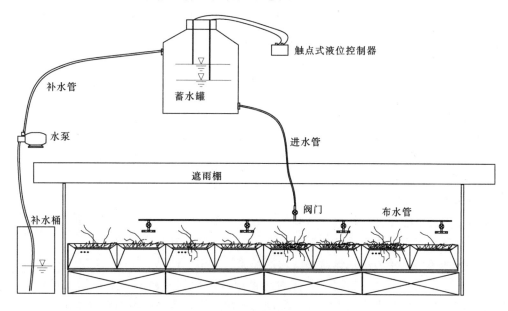

图 4.1　单层净水箱试验装置示意图

Fig. 4.1　Structure sketch of test equipment of monolayer box

净水箱内的多孔陶粒粒径 10～15mm，层厚 12cm；植物生长床厚 10cm，棕纤维平均填充密度为 47kg/m³；溢流孔为 3 个 $\phi$8mm 圆孔，孔底距净水箱底部为 20cm，即净水箱内最高水位为 20cm；为了便于取水对净水箱内水体参数进行测定，兼可监测水位变化，

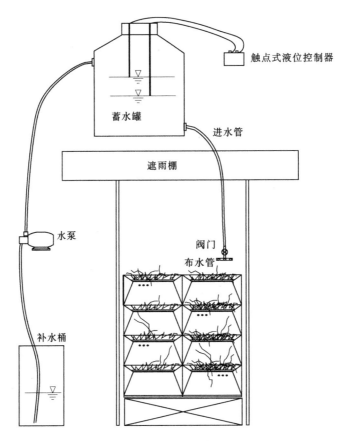

图 4.2　四层净水箱组合试验装置示意图

Fig. 4. 2　Structure sketch of test equipment of four layers of boxes

在花斗部分未安置植物生长床和填充陶粒，使其作为取样槽和监测槽使用。

选种的水生植物为北京地区生长的芦苇（*Phragmites australis*）、三棱草（*Cyperus iria*）和李氏禾（*Leersia hexandra Swartz*）。

### 4.1.2　试验污水配制

**1. 试验污水确定**

为便于对进水浓度进行控制，试验污水为人工配置，污水配置以北京市区路面初期径流雨水污染物浓度平均值为设计依据，设高、中、低三个进水浓度值。

北京城区连续 4 年雨水径流监测的初期径流污染物浓度见表 4.1。

车伍[11]、仁玉芬[23]、侯立柱[120]等对北京市区降雨径流污染进行了系统监测，通过对以上监测数据分析，来确定本试验中配制污水的污染物浓度基准值；在降雨事件中城市市区养护绿地和郊区农田可能对磷大量释放，所以磷基准值在初期径流污染物浓度基础上做了放大。考虑排水管道沉积物和溢流污水对实际初期径流污染物浓度的影响，取中浓度值为基准值的 1.5 倍；路面初期径流雨水浓度的变化系数大体上为 0.5～2，所以取低浓度值和高浓度值分别约为中浓度值的 0.5 倍和 2 倍；在我国中小城市经常存在小型工矿企业的排污口与城市排水管道全部或局部混接的现象，为检验净水箱护岸系统对超标重金属的截留效果,在污水配制中,将高浓度进水和部分中浓度进水的 Cu、Zn 浓度进行大幅度放大。试验装置中进水浓度见表 4.2。

表 4.1 北京城区不同汇水面初期径流部分污染物[11]

Tab. 4.1 Part contaminations of initial runoff in city zone of Beijing

| 汇水面 污染物 | 天然雨水 平均值 | 屋面雨水 | | | 路面雨水 | |
|---|---|---|---|---|---|---|
| | | 平均值 | | 变化系数 | 平均值 | 变化系数 |
| | | 沥青油毡屋面 | 瓦屋面 | | | |
| COD/mg/L | 25～200 | 700* | 200* | 0.5～4 | 1220* | 0.5～3 |
| SS/mg/L | <10 | 800* | 800* | 0.5～3 | 1934* | 0.5～3 |
| 合成洗涤剂/mg/L | — | 3.93* | | 0.5～2 | 3.50* | 0.5～2 |
| $NH_3-N$/mg/L | — | — | | — | 7.9 | 0.8～1.5 |
| $\rho(Pb)$mg/L | <0.05 | 0.69* | 0.23* | 0.5～2 | 0.3* | 0.2～2 |
| $\rho(Zn)$mg/L | 0.269 | 1.36 | 1.7 | 0.5～2 | 1.76 | 0.5～2 |
| 酚/mg/L | 0.002 | 0.054* | | 0.5～2 | 0.057* | 0.5～2 |
| 石油类/mg/L | — | 8.03* | | 0.4～2 | 65.3* | 0.1～2 |
| TP/mg/L | | 4.1 | | 0.8～1 | 5.6 | 0.5～2 |
| TN/mg/L | | 9.8 | | 0.8～4 | 13 | 0.5～5 |

注 上表中带 * 号为超出北京地下水人工回灌水质控制标准[119]。

表 4.2 配置污水的污染物浓度

Tab. 4.2 Pollution concentration of prepared sample water

| 污染物指标 | $NH_3-N$ | $NO_3^- - N$ | 活性磷 | Cu | Zn |
|---|---|---|---|---|---|
| 高浓度/(mg/L) | 24.05 | 6.3 | 20.95 | 6.14 | 26.78 |
| 中浓度Ⅰ/(mg/L) | 12.45～14.40 | 3.2～3.9 | 10.94～14.00 | 0.19 | 1.67 |
| 中浓度Ⅱ/(mg/L) | | | | 3.12～3.25 | 10.75～17.60 |
| 低浓度/(mg/L) | 6.70 | 1.8 | 6.50 | 0.18 | 1.65 |
| 基准值/(mg/L) | 7.90 | 2.6 | 8.00 | 0.20 | 1.76 |

**2. 使用化学药剂**

试验配制污水使用药剂见表 4.3。

表 4.3 试验配制污水使用药剂

Tab. 4.3 Materials used in preparing sample water

| 项 目 | $NH_3-N$ | $NO_3^- - N$ | 活性磷 | Cu | Zn |
|---|---|---|---|---|---|
| 药剂名称 | $(NH_4)_3PO_4$ | $KNO_3$ | $(NH_4)_3PO_4$、$KH_2PO_4$ | $CuSO_4 \cdot 5H_2O$ | $ZnSO_4 \cdot 7H_2O$ |

## 4.1.3 试验参数确定

**1. 水力停留时间**

污水在净水箱内的水力停留时间直接关系试验装置对污染物的去除效果,常规污水净化人工湿地水力停留时间通常在数天以上。延长停留时间可以提高污水的处理效率,但是停留时间过长就会大大降低湿地系统的处理能力。为检验净水箱护岸结构在较短水力停留时间的不利情况下对污水的净化效果，本试验中将单层净水箱的水力停留时间设定为 3h 和 6h 两组。

本书 3.6.2 节中在蓄水池设计中提出建设小型调蓄池设想，即通过将布水负荷与降雨初期径流汇入调蓄池进程基本同步来实现调蓄池的最小化。图 4.3 为 2005 年 7 月 30 日上海中山北二路（绿化较好的交通干线）和密云路（商业区）采样点的径流水质典型变化过程。可以看出径流污染物有明显初期效应，在降雨历时 15min 后污染物浓度锐减，所以笔者将降雨历时 15min 前的径流暂定义为初期径流；假设初期径流汇入调蓄池的时间差为 15min，所以降雨初期径流汇入调蓄池历时 30min，即单层净水箱的水力停留时间为 30min。

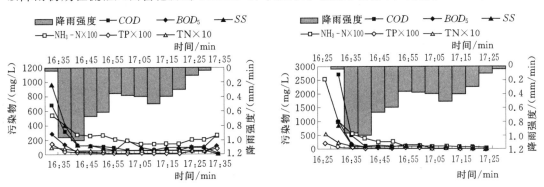

图 4.3  上海市径流水质典型变化过程[10]

Fig. 4.3  Typical change process of runoff water quality in Shanghai City

综上所述，在本试验中将单层净水箱的水力停留时间设定为 30min、3h 和 6h 三组。

**2. 降雨间期时间确定**

表 4.4 为上海市城区 2003—2005 年降雨特征统计表，表中列出在监测期间，上海市区降雨事件间期的中值和平均值均为 9d，为检验净水箱护岸结构在降雨间期较短的不利情况下对污水的净化效果，所以本试验中将降雨间期设定为 5d。

表 4.4　　　　　　　　上海市城区 2003—2005 年降雨特征统计表[10]

Tab. 4.4　　　　　　　Statistic of rainfall characteristic in city zone of Shanghai

| 特征值 | 降雨量/mm | 降雨历时/min | 降雨强度/(mm/min) | 前期晴天数/d |
| --- | --- | --- | --- | --- |
| 最小值 | 2.5 | 15 | 0.03 | 1 |
| 最大值 | 41.6 | 250 | 0.75 | 32 |
| 中值 | 10.0 | 60 | 0.14 | 9 |
| 平均值 | 10.0 | 71 | 0.20 | 9 |

谢卫民等[26]对城市雨水径流污染物变化规律的研究表明，当降雨间隔时间短，且前一场降雨冲刷彻底时，后一场降雨径流的污染负荷会有明显降低。所以即使净水箱护岸结构在实际应用中遇到降雨间期少于 5d 的降雨事件，相对较低的进水污染负荷也不会对护岸的除污稳定性产生冲击性影响。

**3. 净水箱层数确定**

通常在城市水体刚性护岸结构顶部到常水位间都有 0.5m 以上的高差，以北京市京密引水渠（昆玉运河）为例，高差约为 1～2m；对于福州市市区内的河流护岸，由于存在山区洪水的威胁，高差通常为 1.5～3m。在净水箱护岸实际应用中，预计使用概率最大的净水箱层数为 2～4 层，所以在净水箱组合试验中，将组合层数设定为 4 层，这样可以同时监测 2 层、3 层和 4 层净水箱组合对污染物的去除效果。

### 4.1.4　试验方案

本试验分别由单层净水箱试验装置和四层组合净水箱试验装置完成。

单层净水箱试验方案：单个净水箱的有效容积约为 50L，将单个净水箱进水总量设定为 300L。试验期间，为减少净水箱内原存水对试验数据干扰，通过先行的 100L 进水将净水箱内原存水排空，然后每隔 1 个 $HRT$ 取净水箱溢流孔出水进行取样检测，即有 5 组出水检测数据；将降雨间期定为 5d，在走水后的连续 5d 中，每天取净水箱内的蓄存污水进行检测。北京地区日气温变化明显，下午 15：30～16：30 温度变化相对稳定，为减少气温变化对净水箱内存水水温和 $D_O$ 值的影响，将静置期净水箱内存水取样时间统一设定为 16：00。为减少水分蒸发对存水浓度的影响，在对箱体内存水取样后，用自来水将箱体补水至溢流水位。

四层组合净水箱试验方案：单个净水箱的有效容积约为 50L，为使净水箱出水水质不受原存水影响，将进水总量设定为 500L，通过先行的 300L 进水将四层净水箱内原存水排空，再在后续的 200L 进水过程中，每隔 1 个 $HRT$ 分别取各层净水箱溢流孔出水进行取样检测，即有 5 组逐层出水检测数据；将降雨间期定为 5d，在走水后的连续 5d 中，每天取第 4 层净水箱内的蓄存污水进行检测，取样时间为 16：00。在对静置期净水箱内存水取样之后，进行补水至溢流水位。

试验细节安排见表 4.5。

表 4.5　　　　　　　　　　试 验 安 排 表

Tab. 4.5　　　　　　　　　　Test program and details

| 序号 | 分组试验名称 | 日期/（月-日） | 进水浓度 | 行水期 $HRT$ | 箱体层数 |
|---|---|---|---|---|---|
| 1 | 预启动试验 | 06-24—06-29 | 中浓度 I | 3h | 单层 |
| 2 | 中浓度进水试验 | 06-30—07-05 | 中浓度 I | 3h | |
| 3 | 低浓度进水试验 | 07-06—07-11 | 低浓度 | 3h | |
| 4 | 高浓度进水试验 | 07-12—07-17 | 高浓度 | 3h | |
| 5 | 快速进水试验 | 07-18—07-23 | 中浓度 II | 30min | |
| 6 | 慢速进水试验 | 07-24—07-30 | 中浓度 II | 6h | |
| 7 | 多层箱体试验 | 08-06—08-12 | 中浓度 II | 3h | 四层 |
| 8 | 实际应用试验 | 09-13—09-18 | 初期径流 | 30min | |
| 9 | 原位再生试验 | 09-31—11-11 | 中浓度 II | 3h | |
| 10 | 秋季试验 | 11-12—11-18 | 中浓度 II | 3h | |

进行的比较试验内容及试验条件如下：

### 1. 不同水生植物组合比较试验

1 号箱：李氏禾＋三棱草；2 号箱：李氏禾＋芦苇；3 号箱：李氏禾；4 号箱：李氏禾

十三棱草+芦苇。中浓度进水，$HRT=3h$，单层净水箱试验；数据来源：2～6 组试验。

**2. 不同进水浓度比较试验**

进水浓度为高、中、低三档；$HRT=3h$，单层净水箱试验；数据来源：2～4 组试验。

**3. 不同水力停留时间比较试验**

水力停留时间为 30min、3h 和 6h 三档；中浓度进水，单层净水箱试验；数据来源：2、5、6 组试验。

**4. 不同净水箱组合数比较试验**

设 4 层组合；中浓度进水，$HRT=3h$，四层组合净水箱试验；数据来源：7 组试验。

**5. 不同植物生长期比较试验**

夏季（8 月 6 日—8 月 12 日）和秋季（11 月 12 日—11 月 18 日）；中浓度进水，$HRT=3h$，四层组合净水箱试验；数据来源：7、10 组试验。

### 4.1.5  检测指标、仪器及数据处理

检测指标及仪器见表 4.6，辅助设备和仪器见附录。

表 4.6  检测指标及仪器

Tab. 4.6  Measurement items and apparatuses

| 检 测 指 标 | 检 测 仪 器 | 生 产 厂 家 |
| --- | --- | --- |
| 水温、pH、DO | HACH hydrolab 多参数水质监测仪 | 美国哈希公司 |
| 氨氮、硝态氮、活性磷、Cu、Zn、TOC | HACH DR5000U 紫外可见分光光度计 | 美国哈希公司 |
| 环境温湿度 | WSL-3 型温湿度记录仪 | 北京凯维丰科技公司 |
| 相对水位 | 水位尺 | 自制 |

试验数据处理均采用 Excel2000 和 SPSS11.5 统计分析软件进行统计分析。

## 4.2  净水箱中生物生长状况描述

净水箱系统对径流中营养物和重金属去除效果与系统中生物生长状况密切相关，为了给后续净水箱对径流营养物和重金属去除机理分析提供可靠的数据支持，本书对试验期间内净水箱内植物和微生物生长状况进行了定量监测。

### 4.2.1  植物生长状况描述

**1. 材料与方法**

（1）植物株高测定。选取 10 株具有代表性的株体测量株高来确定平均株高；株高测量以从生长床表面起植株拉直后到叶尖的最大长度为准[121]。

李氏禾的茎叶因形态不同明显分为两类：一类茎叶基本垂直朝上，株高基本一致；另一类茎叶横向探出，长度通常为垂直茎叶两倍以上，个体间长度差别很大，所以在本试验李氏禾株高测量中，以垂直茎叶株高为准。

（2）垫上部分植物生物量的测定。垫上植物总生物量以水生植物在生长床以上部分的总湿重表示。选取数株具有代表性的植物收割，称其湿量确定单株平均湿量，对总数株计数，进而确定垫上部分植物总湿重。

（3）植物根系生物量的测定。因净水箱为运行的第一个植物生长年，且试验进水中无

颗粒物，所以箱内无明显沉积，可用净水箱有效水容积的减少量来估算植物根系生物量。为避免损伤植物，植物根系生物量的测定采用排水法。将净水箱底部预留排水口打开，以连续 5min 无滴水为标准停止接水计量。

（4）植物叶绿素含量测定。用叶绿素仪测定 10 个叶片的叶绿素相对含量平均值。测试仪器：SPAD-502 型叶绿素仪。

**2. 结果与讨论**

（1）净水箱内植物生长状况。净水箱内水生植物移植于 2007 年 4 月 1 日，并以 2 个月为周期进行监测，其地上部分生长特征参数见表 4.7。

表 4.7　　　　　　　　　　　　净水箱内水生植物生长特征参数

Tab. 4.7　　　　**Growth Parameters of hydrophytes in water purifying boxes**

| 箱号 | 监测日期 /（年-月-日） | 监测项目 | 植 物 种 类 | | | 总湿重/g |
|---|---|---|---|---|---|---|
| | | | 李氏禾 | 三棱草 | 芦苇 | |
| 1 号箱 | 2007-06-01 | 株高/cm | 24 | 55 | | 190 |
| | | 湿重/g | 133 | 57 | | |
| | | 占总湿重百分比/% | 70 | 30 | | |
| | 2007-07-31 | 株高/cm | 45 | 104 | | 959 |
| | | 湿重 | 521 | 438 | | |
| | | 占总湿重百分比/% | 54 | 46 | | |
| 2 号箱 | 2007-06-01 | 株高/cm | 24 | 56 | | 195 |
| | | 湿重/g | 152 | 43 | | |
| | | 占总湿重百分比/% | 78 | 22 | | |
| | 2007-07-31 | 株高/cm | 47 | 143 | | 1053 |
| | | 湿重 | 473 | 580 | | |
| | | 占总湿重百分比/% | 45 | 55 | | |
| 3 号箱 | 2007-06-01 | 株高/cm | 25 | | | 212 |
| | | 湿重/g | 212 | | | |
| | | 占总湿重百分比/% | — | | | |
| | 2007-07-31 | 株高/cm | 51 | | | 567 |
| | | 湿重 | 567 | | | |
| | | 占总湿重百分比/% | — | | | |
| 4 号箱 | 2007-06-01 | 株高/cm | 23 | 32 | 54 | 244 |
| | | 湿重/g | 132 | 71 | 41 | |
| | | 占总湿重百分比/% | 54 | 29 | 17 | |
| | 2007-07-31 | 株高/cm | 48 | 76 | 136 | 981 |
| | | 湿重 | 378 | 118 | 485 | |
| | | 占总湿重百分比/% | 39 | 12 | 49 | |

对于 1 号箱和 2 号箱，由监测数据可以看出，在第 1 次监测中，李氏禾是优势植物，

其湿重占 1 号箱和 2 号箱垫上部分植物总湿重分别为 70% 和 78%；这是由于李氏禾基部分蘖速度快，可以在短期内占领整个水面。在第 2 次监测中，三棱草和芦苇逐渐发展为优势植物，其湿重分别占 1 号箱和 2 号箱垫上部分植物总湿重 46% 和 55%；这是因为在进入 7 月份后，三棱草和芦苇植株比李氏禾高出两倍以上，使李氏禾接受光照减少，进而影响其生长。至 7 月底，大部分李氏禾茎叶分布在生长床外围，此时李氏禾占 1 号箱和 2 号箱垫上部分植物总湿重比例依旧较高，原因是探出箱外的长茎叶的大量存在，其长度约为 80～140cm。

在 4 号箱中，第 1 次监测时，三种植物的优势顺序由高到低分别为李氏禾、三棱草和芦苇；此阶段三棱草长势强于芦苇的原因是其分蘖生长速度要快于芦苇。在第 2 次监测时三种植物的优势顺序由高到低分别为芦苇、李氏禾和三棱草；后期三棱草生长处于弱势有两个原因：首先在株高上小于芦苇，采光上不具有优势；其次如 3.3.3 节中植物种植试验中描述，芦苇、李氏禾和三棱草三者中，三棱草的根系相对而言是最不发达的，在吸取基质和水中养分方面同样不具有优势。图 4.4 为试验期间植物生长状况。

图 4.4　试验期间植物生长状况

Fig. 4.4　Growing status of hydrophytes during test period

表 4.8 为净水箱内水生植物根系生物量统计表，可以看出在 4 个月的监测期中，植物根系生物量增长迅速。第 2 次监测数据表明，3 号箱中李氏禾由于不存在竞争植物，所以根系生物量最大，达到 4.16L；2 号箱和 3 号箱中由于芦苇的存在，根系生物量也较大；在 1 号箱中，由于三棱草抑制了李氏禾的生长，而其本身根系生物量在三种植物中最小，所以 1 号箱中根系生物量仅为 2.81L，为 3 号箱的 68.5%。

表 4.8　　　　　　　　　　　　　净水箱内水生植物根系生物量

Tab. 4.8　　　　　　　　　Root biomass of hydrophytes in water purifying boxes

| 箱　　号 | 1 号箱 | 2 号箱 | 3 号箱 | 4 号箱 |
|---|---|---|---|---|
| 2007 - 04 - 01 净水箱有效容积/L | 51.21 | 51.12 | 51.05 | 51.15 |
| 2007 - 06 - 01 净水箱有效容积/L | 50.71 | 50.11 | 50.59 | 50.19 |

续表

| 箱　　　号 | 1 号箱 | 2 号箱 | 3 号箱 | 4 号箱 |
|---|---|---|---|---|
| 2007 - 04 - 01—2007 - 06 - 01 根系生物量/L | 0.50 | 1.01 | 0.46 | 0.96 |
| 2007 - 07 - 31 净水箱有效容积/L | 48.40 | 47.55 | 46.89 | 47.80 |
| 2007 - 04 - 01—2007 - 07 - 31 根系生物量/L | 2.81 | 3.57 | 4.16 | 3.35 |

（2）净水箱内植物与野外植物生长状况比较。表 4.9 为净水箱内水生植物与移植地水生植物生长特征参数比较，可以看出，净水箱内水生植物与移植地水生植物在叶绿素相对含量上没有显著区别。在第 1 次监测时，净水箱内水生植物的株高要略矮于野生植物，这是由于净水箱内栽种的水生植物为移植地已经萌芽生长的植物，且移植的是部分主根，移植植物先要进行恢复性生长，所以前期生长相对于野生植物滞后。第 2 次监测数据表明，在 7 月底，除芦苇株高略矮于野生芦苇外，李氏禾和三棱草的株高与野生状态植物没有差别；箱内芦苇株高略矮于野生芦苇应与其处于第 1 个生长年有关。

表 4.9　　　　　净水箱内水生植物与野外水生植物生长特征参数比较

Tab. 4.9　　　　Comparison of growth parameters between hydrophytes in water purifying boxes and in field

| 监测项目 | 监测日期/(年-月-日) | 李　氏　禾 | | 三　棱　草 | | 芦　　苇 | |
|---|---|---|---|---|---|---|---|
| | | 3 号箱 | 野外 | 1 号箱 | 野外 | 2 号箱 | 野外 |
| 叶绿素相对含量 | 2007 - 06 - 01 | 28.2 | 29.7 | 35.6 | 36.4 | 37.7 | 37.8 |
| | 2007 - 07 - 31 | 30.4 | 31.5 | 37.3 | 37.1 | 37.8 | 38.4 |
| 株高/cm | 2007 - 06 - 01 | 25 | 32 | 55 | 76 | 56 | 84 |
| | 2007 - 07 - 31 | 51 | 48 | 104 | 105 | 143 | 184 |

（3）净水箱内水生植物不同生长期叶绿素含量比较。净水箱内水生植物在 10 月中旬开始出现部分叶片枯黄现象，进入 11 月份，三种植物干枯进程加速，至 11 月 12 日再次启动试验时，三种植物以基本上完全干枯。净水箱内水生植物不同生长期叶绿素含量比较见表 4.10。

表 4.10　　　　　净水箱内水生植物不同生长期叶绿素含量比较

Tab. 4.10　　　Comparison of chlorophyll contents of hydrophytes in different growth periods

| 监测项目 | 监　测　日　期 | 植　物　种　类 | | |
|---|---|---|---|---|
| | | 李氏禾 | 三棱草 | 芦苇 |
| 叶绿素相对含量 | 2007 - 08 - 12 | 30.8 | 37.1 | 37.5 |
| | 2007 - 11 - 12 | 8.8 | 7.4 | 11.3 |

## 4.2.2　微生物生长状况描述

### 1. 材料与方法

（1）硝化细菌计数。硝化细菌总数的测定应该包括两部分：一部分为亚硝酸细菌的数量，另一部分为硝酸细菌的数量。两部分细菌总数的测定均采用 Griess - MPN 法，MPN

法又称稀释频度法，Griess 试剂用于检测 $NO_2^-$，亚硝酸菌总数的测定是利用亚硝酸细菌在硝化过程中质子的释放并导致介质 pH 的改变，估计亚硝酸氧化过程的存在和完成时间，通过检测亚硝酸氧化产物 $NO_2^-$ 和 $NO_3^-$（分别用 Griess 和二苯胺），确定单个试管中是否有亚硝酸菌，最后用最大可能计数法估计水样中亚硝酸菌的数量。硝酸菌数量的测定基本上与亚硝酸菌相同，唯一的区别在于硝酸氧化细菌氧化的基质是 $NO_2^-$，通过定性检测 $NO_2^-$ 的消失或 $NO_3^-$ 的生成，最终确定单个试管中是否有硝酸氧化细菌的存在，对于亚硝酸细菌而言，培养后有 $NO_2^-$ 积累的试管，表明有亚硝酸细菌生长，为阳性管；对于硝酸细菌而言，培养后培养基中 $NO_2^-$ 消失，表明有硝酸细菌生长将 $NO_2^-$ 消耗掉，为阳性管。以不出现阳性管的稀释度为临界计数，根据不同稀释倍数阳性管的数量，运用统计学方法对亚硝酸细菌或硝酸细菌的数量计数。具体方法如下：

1）制备培养基，培养基的组成见表 4.11 和表 4.12，pH 值调制到 7.2，将制备好的培养基加入试管中（10mL/支），然后高温灭菌（121℃，30min）。

表 4.11                     亚硝酸细菌的培养基的组成

Tab. 4.11          **Makeup of substrate for ammonia‑oxidizing bacteria**

| 药品 | $KNO_2$ | $FeSO_4$ | $K_2HPO_4$ | $MgSO_4$ | NaCl | $CaCO_3$ | 蒸馏水 |
|---|---|---|---|---|---|---|---|
| 重量 | 1.0g | 0.2g | 1.0g | 0.5g | 2g | 1g | 1000mL |

表 4.12                     硝酸细菌的培养基的组成

Tab. 4.12          **Makeup of substrate for nitrobacteria**

| 药品 | $(NH_4)_2SO_4$ | $FeSO_4$ | $K_2HPO_4$ | $MgSO_4$ | NaCl | $CaCO_3$ | 蒸馏水 |
|---|---|---|---|---|---|---|---|
| 重量 | 2.0g | 0.2g | 1.0g | 0.5g | 2g | 1g | 1000mL |

2）选取大小适中的 10 颗陶粒、10 根植物根系和 10 根棕丝放入含有 50mL 无菌水的玻璃瓶内，经充分振摇变成菌浊液，然后用 1mL 的灭菌吸管吸取 1mL 的菌浊液，按 10 倍做一系列的稀释液。

3）依次将菌浊液稀释为 $10^{-3}$、$10^{-4}$、$10^{-5}$、$10^{-6}$、$10^{-7}$、$10^{-8}$，取 $10^{-3}$ 到 $10^{-8}$ 稀释度各 1mL 接种于含 10mL 液体培养液的试管中，每一稀释度接种 5 管，28℃培养 20d。

4）20d 后，用无菌吸管从每个稀释培养管中吸取培养液 0.2mL 滴加到白色比色板的凹槽中，向每个槽中的培养液中滴加 Griess 试剂 A 液和 B 液各 2 滴。若变红色，则说明有亚酸盐生成；若不变色，可另取 0.2mL 的培养液向里面滴加二苯胺试剂 2 滴和浓硫酸 2 滴；若有蓝色生成，则说明有硝酸盐生成。红色和蓝色管均作为硝化细菌阳性管，如红色和蓝色均不出现，则为阴性。根据出现的阳性管数，得到 MNP 数量指标，再根据这个数量指标查对 MNP 表，再换算为 1mL 样品中的硝化细菌的数量。再计算出 10 颗陶粒的体积、10 根植物根系和 10 根棕丝的表面积，最后换算为 1mL 陶粒、$1cm^2$ 植物根系和棕丝的细菌总数。

（2）微生物观测。陶粒微生物观测由扫描电镜完成，扫描电镜型号：FEI QUANTA200，生产厂家：FEI 公司。

**2. 结果与讨论**

（1）硝化细菌数分析。不同生长期硝化细菌数见表 4.13，取样时间都为静置期的第 4 天。

表 4.13　　　　　　　　不同生长期净水箱内硝化细菌数量

Tab. 4.13　Populations of nitrifying bacteria in water purifying box in different growth periods

| 取样位置<br>计数日期/(月-日) | 棕丝/(个/cm²) | | 根系/(个/cm²) | | 陶粒/(个/mL) | |
|---|---|---|---|---|---|---|
| | 硝酸细菌 | 亚硝酸细菌 | 硝酸细菌 | 亚硝酸细菌 | 硝酸细菌 | 亚硝酸细菌 |
| 08-11 | $5.29 \times 10^7$ | $0.48 \times 10^3$ | $2.09 \times 10^8$ | $1.22 \times 10^3$ | $4.50 \times 10^7$ | $0.55 \times 10^3$ |
| 11-17 | $2.25 \times 10^7$ | $1.56 \times 10^3$ | $1.05 \times 10^7$ | $1.13 \times 10^3$ | $3.75 \times 10^6$ | $0.78 \times 10^3$ |

可以看出，在夏季，植物根系上的硝酸细菌和亚硝酸细菌数量都明显高于植物生长床内棕丝；而在秋季，恰好相反，植物根系上的硝酸细菌和亚硝酸细菌数量都少于植物生长床内棕丝，说明硝化细菌数量受植物的活性影响较大，而植物活性的降低会减少根际分泌物和向根际输氧量，间接影响植物根系表面硝化细菌数量。项学敏等[129]研究了湿地植物芦苇和香蒲根际微生物的数量、活性等特性，结果表明芦苇和香蒲具有明显的根际效应，根际微生物细菌、真菌和放线菌的数量及活性均大于非根际相应项的数量及活性。

通过夏季与秋季硝酸细菌数量的比较可以看出，秋季植物根系和陶粒上的硝酸细菌数量都比夏季锐减，减少了一个数量级，说明硝酸细菌数量受温度影响较大。而棕丝上硝酸细菌数量减少幅度明显比植物根系和陶粒要小，这应与植物生长床内水中高 $D_0$ 值有关。

通过夏季与秋季亚硝酸细菌数量的比较可以看出，除了植物根系上亚硝酸细菌数量比夏季略少外，棕丝和陶粒上的亚硝酸细菌数量都比夏季有所增加，说明至少在夏秋季节，亚硝酸细菌对温度是不敏感的。

通过对硝酸细菌与亚硝酸细菌数量比较可以看出，在净水箱内微生物载体上硝酸细菌数量高出亚硝酸细菌数量 3~5 个数量级；张甲耀等[122]对潜流湿地的细菌数量监测表明亚硝酸细菌数量高于硝酸细菌数量。

通过对表 4.13 中硝化细菌数量可以看出，在净水箱系统内部硝化细菌数量很大，这应与系统内好氧环境和丰富的氮有关。图 4.5 为陶粒表面细菌（11 月）电镜照片。

图 4.5　陶粒表面细菌

Fig. 4.5　Bacterias on surface of ceramsite

（2）藻类观测。铜作为一种抗生剂，可以作为除藻剂使用，当铜的浓度为 $5\sim10\mu g/L$ 时，就会对蓝绿藻产生毒性。在低 pH 值条件下，铜可溶且具有较强的除藻功能；在碱性条件下，则成水合碳酸铜，是不溶于水的螯合物，其对藻类的控制能力大大减弱[115]。

对陶粒表面电镜扫描观察可以看出，陶粒表面藻类数量较少，且多为硅藻，硅藻中又以舟形藻占多数，拍到的陶粒表面硅藻种类如图 4.6 所示。本次试验进水铜的最低浓度为 0.12mg/L，出水最低浓度为 0.08mg/L，会对藻类生长产生周期性的强烈抑制作用。因此试验期间净水箱内藻类数量较少，藻类对污染物去除的影响可不予考虑。

图 4.6　陶粒表面藻类

Fig. 4.6　Algaes on surface of ceramsite

## 4.3　污水处理过程中污水基本理化指标分析

### 4.3.1　污水处理过程中 pH 值变化情况

**1. 概述**

pH 是湿地系统中一个重要的常规参数，其主要取决于进水水质、进水 pH 和湿地基质 pH 以及湿地植物种类，其值相对稳定。

湿地 pH 影响着系统中的各种物理化学反应，以及植物生长、微生物活动等生态状况。pH 影响着湿地中 $NH_3$ 的形态。铝磷在 pH 为 6.3 时沉降，铁磷沉淀的理想 pH 为 5.3。硝化细菌适宜 pH 值大于 7.2，反硝化细菌适宜 pH 范围在 6.5～7.5 之间。湿地植物的生长、腐烂等过程能产生的有机物是天然酸度的来源，因此，湿地对碱性进水具有一定的缓冲功能，而对酸性进水的缓冲能力较差。

水生植物种类会对水体 pH 值产生影响，其影响主要表现在两方面：一是植物根系释放的产物如糖类、维生素（如硫胺、维生素 B 等）、有机酸（苹果酸盐、柠檬酸盐、氨基酸、苯甲酸、苯酚等）及其他有机化合物[123-125]，这些物质的积累会缓慢而直接地改变湿地水体 pH 值；二是水生植物通过对污染物的吸收，向水中输送氧和根系分泌物等综合作用影响微生物的活性，影响水体中污染物的浓度，进而间接地影响水体的 pH 值。

《城镇污水处理厂污染物排放标准》（GB 18918—2002）[126]中规定，允许排放的处理后污水的 pH 值为 6～9。为了探讨净水箱对污水 pH 值的调节能力，本书对污水处理流程中的进水、出水和静置期净水箱中存水的 pH 值进行了监测分析。

**2. 污水处理过程中 pH 值总变化趋势**

图 4.7 为 5 个试验周期的 20 组数据均值，可以看出在单个试验周期内 pH 值变化规律显著。在行水期，出水 pH 值随时间依次降低，净水箱在行水期的 pH 调节能力随时间逐渐减弱；在静置期，箱内存水 pH 值随时间依次升高，并在第 5 天基本稳定，水体 pH 值处在中性略偏碱的范围内。说明净水箱对进水 pH 值有明显的缓冲和调节作用。

数据统计分析表明，5 个试验周期中 pH 值与污水中氨氮和活性磷浓度显著负相关，对应的相关系数见表 4.14。

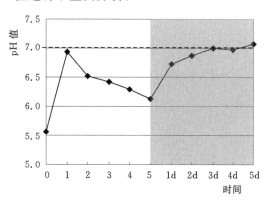

图 4.7　污水处理过程中 pH 值的总变化趋势

Fig. 4.7　General change trend of pH in process of sewage disposed

表 4.14　　　　　　　　　　试验污水中 pH 值与污染物浓度相关系数

Tab. 4.14　　　　　　Corelations between pH and concentrations of Pollutants

| 项　目 | 氨　　　氮 | 活　性　磷 |
|---|---|---|
| 行水期 | $-0.928**$<br>（$p=0.000<0.01$, $n=25$） | $-0.856**$<br>（$p=0.000<0.01$, $n=25$） |
| 静置期 | $-0.725**$<br>（$p=0.000<0.01$, $n=25$） | $-0.657**$<br>（$p=0.000<0.01$, $n=25$） |

**3. 不同植物组合对 pH 的影响**

图 4.8 为 5 个试验周期的数据均值。在行水期，1 号箱、2 号箱和 4 号箱的出水 pH 值差别不大，但均高于只种植李氏禾的 3 号箱。在静置期的前 3 天，水生植物种类对水体 pH 的影响程度要大于行水期的影响，在静置期的第 4 天和第 5 天，净水箱内存水 pH 值趋同；取 5 天净水箱内存水 pH 平均值比较，不同箱体 pH 值由高到低顺序：1 号箱＞2 号箱＞3 号箱＞4 号箱，即三棱草＋李氏禾＞芦苇＋李氏禾＞李氏禾＞芦苇＋三棱草＋李氏禾。可以看出在单个试验周期内 pH 值受水生植物种类的影响，但影响不大。

**4. 不同净水箱组合数对 pH 的影响**

图 4.9 为四层净水箱组合后的 pH 监测值（$HRT=3$h），进水浓度为中。可以看出，出水 pH 值逐层增高效果显著，并在第 4 层出水 pH 达到 7.5 左右的稳定状态。在静置期，前 3 层箱内存水的 pH 值都能在 5d 内逐渐升高并达到 7.5 左右稳定，而第 4 层箱内存水的 pH 值一直保持在 7.5 左右的稳定状态，说明净水箱对 pH 值有稳定的自调节能力。

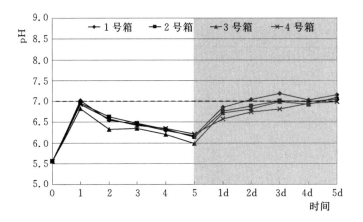

图 4.8　不同植物组合对污水处理过程中 pH 值的影响

Fig. 4.8　Influence of different hydrophyte groups on pH
in process of sewage disposed

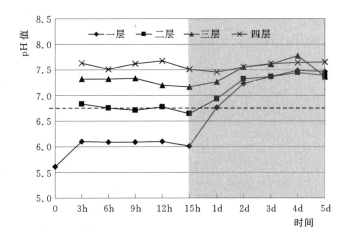

图 4.9　不同净水箱组合数对污水处理过程中 pH 值的影响

Fig. 4.9　Influence of different box layers on pH in
process of sewage disposed

### 5. 不同植物生长期对 pH 的影响

不同生长期对污水处理过程中 pH 值的影响如图 4.10 所示，图中数据为四层净水箱组合后的 pH 监测值（$HRT=3h$），进水浓度为中。不同生长期净水箱行水期层间 pH 值变化如图 4.11 所示。可以看出在夏季净水箱对系统内污水 pH 值的提高作用要大于秋季，这种优势在静置期表现更加明显。

净水箱系统内液体 pH 值变化主要受两方面因素作用的影响：一是污染物本身存在酸碱度，其浓度变化引发液相 pH 值变化；二是污染物降解转化过程中对碱度的消耗或释放，间接引发液相 pH 值变化。净水箱对系统内污水 pH 值的提高作用在夏季大于秋季，主要源于其去除多种污染物的综合作用结果。

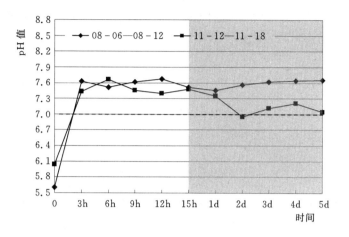

图 4.10 不同生长期对污水处理过程中 pH 值的影响

Fig. 4.10 Influence of different growth phases on pH in process of sewage disposed

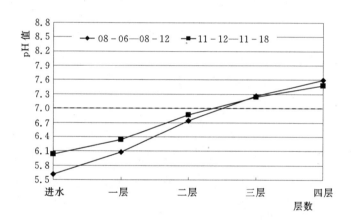

图 4.11 不同生长期净水箱行水期层间 pH 值变化

Fig. 4.11 Variatin of pH along box layers in different growth phases

## 4.3.2 污水处理过程中 DO 变化情况

### 1. 概述

湿地 DO 是湿地系统中一个重要的常规参数，它影响着系统中微生物种类、分布及活性，并进而对污染物的去除效果产生显著影响。水中溶解氧浓度主要受温度、溶解盐和生物活性影响。湿地中主要需氧因素为碳化需氧量（CBOD）和硝化需氧量（NOD）。主要表现在沉积的散落物需氧量、呼吸需氧量、溶解的有机物需氧量和硝化需氧量。而水中氧的恢复主要通过如下途径：大气复氧，直接传质到水表面；通过植物茎叶的传导输送[115]。

人工湿地中植物能将光合作用产生的氧气通过气道输送至根区，在植物根区的还原态介质中形成氧化态的微环境[127]。湿地植物内部对氧气的传输主要是基于浓度梯度的分子扩散和空气对流运动。

为了探讨净水箱对污水 DO 值的调节能力，且为后续的污染物去除效果分析提供相应的基础理化指标，本书对污水处理流程中的进水、出水和静置期净水箱中存水的 DO 值进行了监测分析。

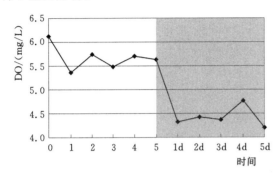

图 4.12　污水处理过程中 DO 的总变化趋势

Fig. 4.12　General change trend of Do in process of sewage disposed

**2. 污水处理过程中 DO 总变化趋势**

图 4.12 为 3 个试验周期的 12 组数据均值，可以看出在单个试验周期内 DO 值变化并不稳定，且行水期出水 DO 值明显高出静置期。行水期出水 DO 值高出静置期主要受进水高 DO 值影响。

**3. 不同植物组合对 DO 的影响**

不同植物组合对污水处理过程中 DO 的影响如图 4.13 所示，图中数据为 3 个试验周期的数据均值。不同植物组合污水处理过程中 DO 值见表 4.15。静置期植物对单位体积污水影响的时间要远大于行水期，静置期水中 DO 值变化比行水期能更好的反应植物对氧的输送能力差异，说明不同植物组合对氧的输送能力由强到弱顺序为：芦苇＋李氏禾＞芦苇＋三棱草＋李氏禾＞三棱草＋李氏禾＞李氏禾。可以看出，有芦苇的植物组合对氧有更好的输送能力，比只种植李氏禾的净水箱高出近 10%。

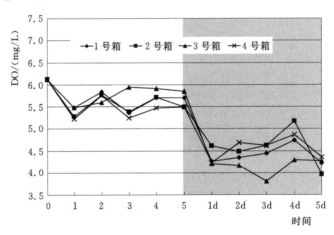

图 4.13　不同植物组合对污水处理过程中 DO 的影响

Fig. 4.13　Influence of different hydrophyte groups on DO in process of sewage disposed

**4. 不同净水箱组合数对 DO 的影响**

不同净水箱组合数对污水处理过程中 DO 值的影响和层间 DO 值变化分如图 4.14 和图 4.15 所示。基于出水 DO 值的不稳定变化，取 5 次出水 DO 的平均值，由高到低逐层出水 DO 依次为 4.6mg/L、4.8mg/L、4.9mg/L、4.8mg/L，可以看出总体而言，DO 有逐层增加的趋势。

表 4.15　　　　　　　**不同植物组合污水处理过程中 DO 值**
Tab. 4.15　　　　　**DO concentration of different hydrophyte groups**
　　　　　　　　　　　**in process of sewage disposed**

| DO 浓度/(mg/L) | 1 号箱 | 2 号箱 | 3 号箱 | 4 号箱 |
|---|---|---|---|---|
| 进水 | 6.1 | | | |
| 行水期 5 次出水平均值 | 5.62 | 5.53 | 5.76 | 5.43 |
| 静置期 5d 平均值 | 4.40 | 4.57 | 4.15 | 4.55 |

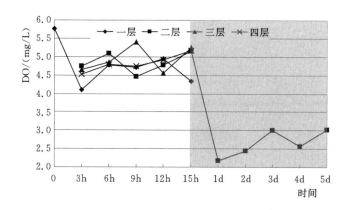

图 4.14　不同净水箱组合数对污水处理过程中 DO 值的影响
Fig. 4.14　Influence of different box layers on DO
in process of sewage disposed

通常在水平潜流湿地和垂直流湿地中，由于沿程碳化需氧量（CBOD）和硝化需氧量（NOD）消耗，水中 DO 值随水流行程延长而降低，而在多层净水箱组合试验中，DO 值略有逐层增加趋势。这说明在净水箱设计中，采用跌水曝气、基质浅层化和用植物生长床代替土壤层增加大气复氧等多重措施来增加水中溶解氧效果显著。

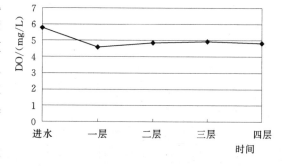

图 4.15　净水箱行水期层间 DO 值变化
Fig. 4.15　Variatin of DO along box layers

**5. 不同生长期对 DO 的影响**

不同植物生长期对 DO 的影响和层间 DO 值变化分如图 4.16 和图 4.17 所示。夏秋两季试验中，秋季水中溶解氧总体高于夏季的差异主要是由秋季水温低决定的。夏季试验中，行水期和静置期水温平均值分别为 24.3℃ 和 27.6℃；秋季试验中，行水期和静置期水温平均值分别为 15.7℃ 和 14.5℃。

通过静置期 DO 曲线变化可以看出，夏季在静置期的第 1 天，水中溶解氧浓度锐减，并在随后的 4d 中有逐步增加的趋势；而秋季，水中溶解氧浓度一直随时间延长而下降。

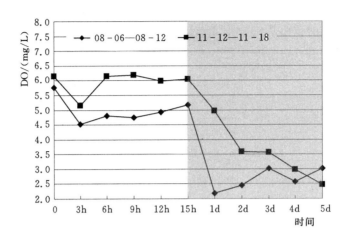

图 4.16　不同植物生长期对 DO 的影响

Fig. 4.16　Influence of different growth phases on DO in
process of sewage disposed

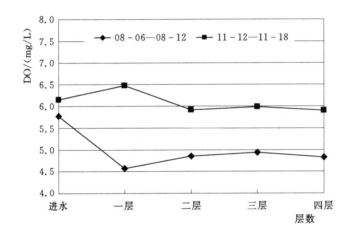

图 4.17　不同生长期净水箱行水期层间 DO 值变化

Fig. 4.17　Variatin of DO along box layers in different growth phases

不同季节净水箱系统内静置期溶解氧浓度变化的差别，主要是以下双重因素作用的结果：其一，净水箱内主要耗氧过程为有机物氧化分解和硝化反应，在夏季，净水箱系统对 COD 和氨氮的去除率和相应去除强度都要高于秋季，从而导致高于秋季的溶解氧消耗强度，使夏季静置期的第 1 天，水中溶解氧浓度有锐减情况，并在静置期总体低于秋季溶解氧浓度水平。二是大气复氧和植物输氧的结果。当水中溶解氧低于饱和溶解氧浓度值时，就会发生大气复氧，由于大气传质阻力可以忽略不计，所以气-水界面处氧接近 21%，可能形成水面表层薄层水的溶解氧饱和状态。在静置期净水箱内水面静止，水面表层薄层水的高浓度溶解氧向下传递主要靠分子扩散作用，而非混合作用，夏季的较高水温会加强这种分子扩散运动。同时，秋季中植物生长床以上部位已经枯萎（见 4.1.2 节植物生长状况描述），植物对水体输氧能力几乎为零。大气复氧和植物输氧在夏秋季节的差异，是导致静置期净水箱内存水溶解氧在夏季有递增趋势，而在秋季有递减趋势的主要原因。

## 4.4　营养物的去除规律分析

氮磷是导致城市水体富营养化的主要物质，所以本书以氮磷为代表，将净水箱护岸对径流雨水中营养物的去除规律和机理进行了深入研究。

### 4.4.1　概述

#### 1. 氮

污水中的氮以有机氮、氨氮、亚硝态氮和硝态氮四种形态存在，湿地对污水中氮的去除主要依靠挥发、微生物转化（氨化、硝化/反硝化）、植物吸收和基质吸附等作用。但氮的最终去除主要是由微生物硝化作用和反硝化作用完成的。

参与硝化作用的亚硝酸细菌和硝酸细菌都是好氧菌，因此硝化过程是一个绝对需氧的过程。基质内溶解氧浓度是硝化反应的关键性因素。湿地液相中氧源于进水携带溶解氧、大气复氧以及植物根系输氧，并在其内形成许多好氧微区域[130-132]，在这些微区域硝化细菌将氨氮转化成硝态氮，降低了微区域溶液中的氨氮浓度，使基质溶液中的高浓度氨氮和好氧微区域中低浓度氨氮间形成浓度梯度，从而使氨氮在浓度差的作用下持续扩散到好氧微区域被硝化[133,134]。

在反硝化过程中微生物将硝酸氮还原成含有各种氧化氮和 $N_2$ 的混合物，但一般情况下，终极产物为气态氮。硝态氮可以扩散到厌氧区域进行反硝化作用生成 $N_2$，排出系统。通常有机碳源成为反硝化的限制因素。

基质吸附主要是对氨氮而言，还原态氨氮十分稳定，能够被床体的活性位点所吸附。但是，这种阳离子交换作用是快速可逆的，基质对氨氮吸附只能起到截留后缓释的作用，最终降解还是由微生物硝化和反硝化作用完成。

植物吸收可去除少量氮，但相对总量而言很少。湿地植物只能对少部分的可溶性有机氮如氨基酸、酰胺和尿素等进行直接吸收，其氮源主要是无机氮化物，而无机氮化物中又以氨氮和硝态氮为主，其中又以硝态氮是植物利用的主要形式。不同植物对营养吸收的潜在速率由其净生产率以及植物组织中的养分浓度决定。在评价植物对污水中氮的吸收时，应该针对湿地实际处理的污水性质、污染负荷、气候条件、植物种类以及植物生长状况来确定，这些因素不同，植物所起的作用就会有差别[199]。

#### 2. 磷

人工湿地对污水中的磷的去除是通过一系列物理、化学和生物变化来实现的，包括拦截、沉积、吸附和植物吸收等过程。湿地对磷的去除主要途径是吸附和沉淀作用。不溶性的有机磷可以通过介质和植物根系的过滤沉淀作用下沉积下来，随后通过微生物生化作用将有机磷酶促水解无机化。

湿地中各种微生物可以吸收和利用污水中的无机磷酸盐。磷在微生物体内的代谢时间少于 1h，被微生物吸收利用的磷处在被不断吸收和释放的动态过程中[147]，一般认为微生物的活动与总磷的去除效率之间并无显著相关[148,149]。

水生植物吸收对磷的去除贡献较小，大多数水生植物对磷的吸收能力弱；植物吸收无机磷是在吸收同化作用下，将无机磷变成植物体的组成部分，最后通过植物收割去除。湿地植物对磷的去除效果因湿地植物类型不同和湿地植物的不同生长时期而有所差异[150,151]，春季和夏季，植物生长旺盛，磷去除率相对较高；湿地植物的收割频度也会影响植物体磷的去除效果，一年收割两次比收割一次去除效果好[152]。植物收获是磷唯一的持续性去除机理，如不收获，这些磷的大部分在秋冬季节将通过淋洗和有机质矿化过程而重新释放。

可溶性无机磷易于 Fe、Al、Ca 和黏土矿物质发生吸附和沉淀反应而固定在基质中。无机磷还通过与基质间隙水中的 $Ca^{2+}$、$Mg^{2+}$、$Fe^{3+}$、$Al^{3+}$ 等离子及其水合物、氧化物反应，形成难溶性化合物，与 Ca 和 Mg 反应主要在碱性条件下，而与 Fe 和 Al 反应主要在酸性湿地中，铝磷在 pH 为 6.3 时沉降，铁磷沉淀的理想 pH 为 5.3；带负电的磷酸根与基质表面水合的 $Ca^{2+}$、$Mg^{2+}$、$Fe^{3+}$、$Al^{3+}$ 等金属离子发生交换而被结合进入到基质的晶格中而被去除的。吸附除了化学的配位交换作用外，还有物理吸附。基质被激活的吸附点位是有限的，所以其吸附能力固定，湿地基质对磷的去除作用存在饱和问题。一般认为，人工湿地基质吸附磷是湿地除磷的主要机理[153]。

### 4.4.2 污水处理过程中营养物的变化趋势

#### 1. 污水处理过程中氮的变化趋势

图 4.18 为污水处理过程中氮的变化趋势，图中数据为 5 个试验周期数据平均值。可以看出，在行水期，净水箱对氨氮有很好的去除效果，平均去除率为 54%，但去除效果随运行时间而减弱，第 1 次和第 5 次出水氨氮去除率分别为 74% 和 42%；在静置期，净水箱对蓄存污水的氨氮去除效果更为显著，在第 1 天平均去除率就达到 81%，且去除效果随静置期时间延长而增强，第 5 天对箱内存水氨氮去除率达到 92%。

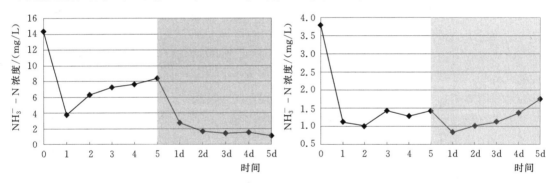

图 4.18 污水处理过程中氮的总变化趋势

Fig. 4.18 General change trend of nitrogen concentration in process of sewage disposed

Reed 和 Brown[135] 研究的美国 14 块正在运行人工湿地中，有一半湿地出现系统自身净产生氨氮的现象，湿地出水氨氮浓度一般很难降至 2~6mg/L 以下；美国 EPA 调查结果表明潜流湿地去除氨氮效果不稳定，难以保证出水氨氮浓度始终低于 10mg/L[136]。与之相比，本方案前三次出水氨氮浓度均值为 5.76mg/L，静置期的第 5 天存水氨氮浓度为 1.10mg/L，说明在本净水箱结构中采用的强化去除氨氮的多种设计是成功的。

对于硝态氮，在行水期，净水箱对其平均去除率为 67%，去除效果随运行时间有微弱的减弱趋势；在静置期，硝态氮浓度随静置时间延长而增加，第 1 天，平均去除率为

78％，第 5 天对箱内存水硝态氮去除率减少至 54％。静置期硝态氮浓度的增加与净水箱内基质对前期吸附氨氮的释放有关。

徐丽花等[137]进行的沸石-菖蒲人工湿地试验试验条件与本书试验接近，间歇式运行（$HRT=24h$，间期 7d），人工湿地深度同为 20cm，由于厌氧环境空间相对较小，其湿地反硝化效果很差，出水硝态氮平均浓度为 7.68mg/L；本书试验（$HRT \leqslant 6h$，间期 5d）中出水硝态氮平均浓度小于 1.5mg/L，说明本书利用棕纤维植物生长床来强化反硝化作用是成功的。反硝化反应需要消耗有机碳源，Lin 等[138]研究发现每去除 1mg 硝态氮需要消耗 $COD6.7 \sim 8.0mg$，有机碳不足限制了系统的脱氮作用。在单层净水箱试验中，由于植物生长床对有机碳的大量释放，所以在单个试验周期中净水箱内污水的 $COD$ 值一直维持在 400mg 以上，箱内污水碳氮比远远超过 8，故不存在有机碳不足限制了系统的脱氮效果的条件，从而强化了净水箱的反硝化作用。

氨在水中已离子态（$NH_4^+$）和气态（$NH_3$）存在，其比例取决于水体 pH 值。其挥发是一个物理化学过程，在 pH 为 9.3 时，离子态（$NH_4^+$）和气态（$NH_3$）的比例是 1∶1，当 pH 大于 9.3 时，通过挥发造成的氨氮损失开始变得显著；而当 pH 值小于 8.0 时氨的挥发并不严重，当 pH 值为 7.3 时，可挥发性气态氨仅占 1％[139]。本试验中各试验周期污水 pH 值的变化趋势都是由酸性向中性偏碱发展，并最终稳定在 7.5 左右（见 4.3.1 节污水处理过程中 pH 变化情况），因此本次试验中通过挥发引起的氨氮损失可以忽略不计。

本次试验的行水期 $D_0$ 值在 4mg/L 以上，静置期 $D_0$ 值在 3mg/L 以上（见 4.3.2 节污水处理过程中 $D_0$ 变化情况），溶解氧相对充足，所以净水箱内总体上为好氧环境，氨化速度很快；另一方面进水中不存在有机氮，且氨化速度比硝化快，所以在本次试验中氨化作用对试验数据影响可以忽略。

植物在吸收氮的同时，会以植物残体腐败的方式向系统中释放氮。净水箱内生长的水生植物处于第 1 个生长周期，基本上没有散落物和死亡的植物根系，植物和微生物对有机氮的释放量很少，可以忽略不计；在净水箱内，亚硝酸盐氮只是氮的一种短暂形式，浓度通常比较低，总氧化态氮可由硝酸盐氮近似代替。所以本试验中用氨氮和硝态氮之和近似代替总氮。在行水期，净水箱对总氮平均去除率约为 56％，在静置期的第 5 天，净水箱对总氮平均去除率约为 84％。Brix 研究的大部分湿地氮去除率低于 30％[140]，说明本方案对氮有很好的去除效果。

**2. 污水处理过程中磷的变化趋势**

图 4.19 为污水处理过程中五个试验周期活性磷的变化趋势。对于活性磷，在行水期，净水箱对其平均去除率为 44％，去除效果随运行时间而减弱，第 1 次和第 5 次出水活性磷去除率分别为 57％ 和 35％；在静置期，活性磷浓度随静置时间延长而增加，第 1 天，平均去除率为

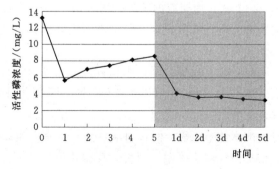

图 4.19　污水处理过程中活性磷的变化趋势

Fig. 4.19　General change trend of active phosphor concentration in process of sewage disposed

69%，第 5 天对箱内存水活性磷去除率增加至 76%。

可以看出，无论行水期，还是静置期，净水箱系统对活性磷都有较好的去除效果，说明在选择 Al、Fe 和 Ca、Mg 含量都相对丰富的多孔基质是正确的。

活性磷去除率与 pH 及氮去除率的相关系数见表 4.16。

表 4.16　　　　　　　　　　　活性磷去除率与 pH 及氮去除率的相关系数
Tab. 4.16　　　　　Correlations of between active phosphor removal ratio and
　　　　　　　　　　　　　some parameters

| 项目 | pH 值 | $NH_3$-N 去除率 | $NO_3^-$-N 去除率 |
|---|---|---|---|
| 行水期 | $-0.789**$ <br> ($p=0.000<0.01$, $n=25$) | $0.526**$ <br> ($p=0.007<0.01$, $n=25$) | $-0.421*$ <br> ($p=0.036<0.05$, $n=25$) |
| 静置期 | $-0.365$ <br> ($p=0.073$, $n=25$) | $0.033$ <br> ($p=0.874$, $n=25$) | $-0.439*$ <br> ($p=0.028<0.05$, $n=25$) |

5 个试验周期数据统计分析表明，在行水期，活性磷去除率与 pH 值显著负线性相关；在静置期，负线性相关程度有所降低。在行水期，两者显著负线性相关的主要原因如下：

（1）净水箱系统液相 pH 变化会直接影响到陶粒对磷的吸收量，当液相为酸性时，磷沉淀的主要形式是 Al—P 和 Fe—P；当液相为碱性时，磷沉淀的主要形式是 Ca—P 和 Mg—P。由本书 3.1.1 节试验陶粒的主要矿物含量可以看出，试验陶粒的 Al、Fe 含量远高于 Ca、Mg 含量，这意味着净水箱系统液相 pH 增加必然导致活性磷去除率下降。

（2）当 pH 值的增加时，基质表面所带的负电荷增加，进而对水体中的磷酸根离子产生一定的排斥作用，同时，pH 值的增加会引起溶液中 $OH^-$ 浓度的增大，$OH^-$ 与磷酸根离子之间存在对基质表面的活性吸附位的竞争，从而使基质对磷的吸附量降低[154]。

由 4.3.1 节污水处理过程中 pH 总变化趋势可以看出，在行水期，净水箱系统内溶液为酸性且变化幅度较大，所以活性磷去除率与 pH 值呈显著负线性相关。这与 Mahmu[155] 和 Das[156] 的研究结果是一致的。在静置期，净水箱系统内溶液 pH 值接近中性，且相对稳定，所以 pH 值对活性磷去除率的影响作用减弱，活性磷去除率与 pH 值负线性相关，但不显著。

5 个试验周期数据统计分析表明，活性磷去除率与氨氮去除率在行水期显著正线性相关；在行水期和静置期，与硝态氮去除率都表现为显著负线性相关（表 4.18）。以上相关性变化原因如下：

（1）硝化反应会降低水体碱度，使水体 pH 值降低，要使 1mg/L 的氨氮硝化，需要消耗碱度 7.14mg/L（以 $CaCO_3$ 计）；反硝化反应产生碱度，使水体 pH 值升高，反硝化 1mg/L 硝态氮，可产生碱度 3.0mg/L（以 $CaCO_3$ 计）[115]。所以硝化反应和反硝化反应通过影响水体 pH 值，间接对活性磷去除率产生影响，即在本试验系统中，硝化反应强度大会增加活性磷去除率。反之，反硝化反应强度大会对活性磷去除产生抑制作用，该分析与本试验数据相关性分析结果一致。

（2）陶粒中所含的活性氧化镁对活性磷去除率与氨氮去除率在行水期显著正线性也应有微弱的贡献。在固液吸附体系中，陶粒中所含的活性氧化镁能够与水结合形成水合氧化物和氢氧化物，进而电离出部分镁离子，镁离子与污水中的铵离子、磷酸根离子可生成难溶的磷酸铵镁沉淀（$MgNH_4PO_4 \cdot 6H_2O$）。赵桂瑜[157]进行铵离子对基质吸附除磷影响试验，结果表明，对镁含量大于陶粒的干渣和钢渣，随着溶液中氨氮浓度的增加，基质对磷的吸附量略有增加，但变化不大。

（3）在净水箱系统中，$NO_3^-$ 和磷酸根离子之间的竞争吸附，对活性磷去除率与硝态氮去除率显著负线性相关也具有一定贡献。

（4）静置期，陶粒吸附氨氮在高强度氨氮外源消失后会大量解析，从而使活性磷去除率与氨氮去除率相关性减弱。

### 4.4.3 不同植物组合对营养物去除率的影响

#### 1. 不同植物组合对氮去除率的影响

不同植物组合对氨氮去除的影响及去除率分别见图 4.20 和图 4.21，图中数据为 5 个试验周期的数据均值。可以看出不同植物组合间氨氮的浓度变化过程存在明显而稳定的差异。在行水期，取前 5 次出水均值计算氨氮去除率进行比较，不同箱体去除率由高到低顺序：4 号箱＞2 号箱＞1 号箱＞3 号箱，去除率分别为 60%、56%、53%、46%，最高值与最低值间相差 14%；在静置期，取 5 天箱内存水氨氮浓度均值计算，不同箱体氨氮去除率由高到低顺序：2 号箱＞4 号箱＞1 号箱＞3 号箱，去除率分别为 91.1%、90.6%、86.1%、85.1%，去除率最高值与最低值间相差 6%。可以看出，无论是行水期还是静置期，4 号箱（芦苇＋三棱草＋李氏禾）和 2 号箱（芦苇＋李氏禾）对氨氮去除率都要优于 3 号箱（李氏禾）和 1 号箱（三棱草＋李氏禾），说明有芦苇的植物组合对氨氮去除效果更优。在行水期，去除率最高值与最低值间相差 14%，在静置期，去除率最高值与最低值间相差 6%，说明不同植物组合对氨氮去除率影响在行水期要大于静置期。

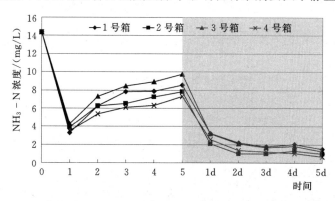

图 4.20 不同植物组合对氨氮去除的影响

Fig. 4.20 Influence of different hydrophyte groups on NH₃ - N concentration in process of sewage disposed

不同植物组合对硝态氮去除的影响及去除率分别见图 4.22 和图 4.23，图中数据为 5 个试验周期的数据均值。可以看出硝态氮的浓度变化处于不稳定的波动状态。在行水期，取前 5 次出水均值计算硝态氮去除率进行比较，不同箱体去除率由高到低顺序：2 号箱＞4 号箱＞3 号箱＞1 号箱，去除率分别为 70%、68%、65%、64%，最高值与最低值间相

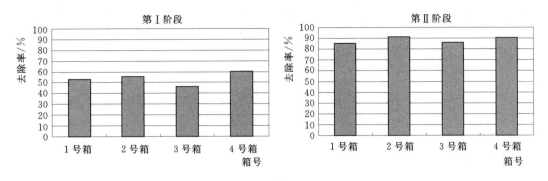

图 4.21　不同植物组合的氨氮去除率

Fig. 4. 21　Removal ratios of $NH_3 - N$ with different hydrophyte groups

差 7%。在静置期的前 3 天，不同箱体内硝态氮浓度并无明显差别，但在第 4 天和第 5 天，不同箱体内硝态氮浓度差别明显增大，取 5d 存水硝态氮浓度平均值计算去除率进行比较，不同箱体硝态氮去除率由高到低顺序：3 号箱＞4 号箱＞1 号箱＞2 号箱，去除率分别为 71%、69%、68%、63%，最高值与最低值间相差 8%。

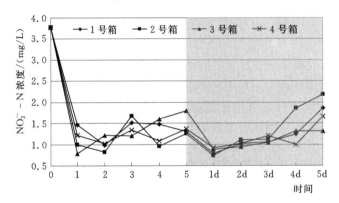

图 4.22 不同植物组合对硝态氮去除的影响

Fig. 4. 22　Influence of different hydrophyte groups on $NO_3^- - N$

concentration in process of sewage disposed

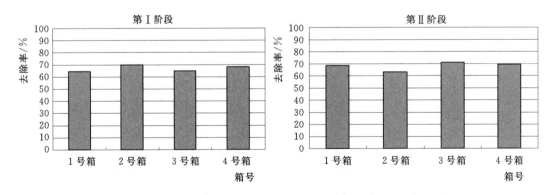

图 4.23　不同植物组合的硝态氮去除率

Fig. 4. 23　Removal ratios of $NO_3^- - N$ with different hydrophyte groups

总体而言，不同植物组合对净水箱氮的去除效果影响还是较大的。

氮去除率与 $D_0$ 的相关系数见表 4.17。

表 4.17　　　　　　　　　　氮去除率与 $D_0$ 的相关系数

Tab. 4.17　　　　Correlation coefficient of $D_0$ and nitrogen removal efficiency

| 项　　目 | $NH_3 - N/D_0$ | $NO_3^- - N/D_0$ |
|---|---|---|
| 行水期 | 0.254<br>($p=0.361$, $n=15$) | $-0.516^*$<br>($p=0.049<0.05$, $n=15$) |
| 静置期 | $0.697^{**}$<br>($p=0.004<0.01$, $n=15$) | $-0.627^*$<br>($p=0.012<0.05$, $n=15$) |

5 个试验周期中，在静置期，氨氮去除率与 $D_0$ 值显著正线性相关。不同植物组合比较试验中，静置期氨氮去除率高低顺序与 4.3.2 节中所列输氧能力高低顺序完全一致也说明了这点；同时，在行水期，氨氮去除率的高低顺序与输氧能力高低顺序也基本一致。以上分析说明，不同植物组合向水中输氧能力的差异是导致不同箱体对氨氮去除效果差异的主要原因。

5 个试验周期中，在行水期和静置期，硝态氮去除率均与 $D_0$ 值显著负线性相关。$D_0$ 值和硝态氮去除率间的相关性与 $D_0$ 值和氨氮去除率间的相关性恰好相反，主要是污水中溶解氧浓度和氨氮去除率两方面共同作用的结果：一是反硝化反应在厌氧环境下发生，污水中偏高的溶解氧浓度会抑制反硝化作用；二是污水中偏高的溶解氧浓度会强化硝化反应，使更多的氨氮转化为硝态氮，从而降低硝态氮去除率。在静置期，不同植物组合输氧能力高低顺序与不同植物组合对氨氮去除率的高低顺序完全一致的情况下，不同植物组合对硝态氮去除率的高低顺序也之基本相反也证明了这点。

**2. 不同植物组合对磷去除率的影响**

不同植物组合对活性磷去除的影响和去除率见图 4.24 和图 4.25，图中数据为 5 个试验周期的数据平均值。可以看出不同植物组合间活性磷的浓度变化过程存在明显而稳定的

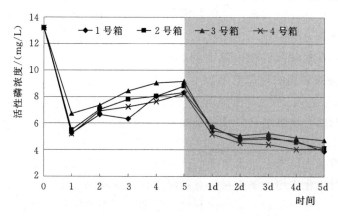

图 4.24　不同植物组合对活性磷去除的影响

Fig. 4.24　Influence of different hydrophyte groups on active phosphor

concentration in process of sewage disposed

差异。在行水期，取前 5 次出水均值计算活性磷去除率进行比较，不同箱体去除率由高到低顺序：1 号箱＞4 号箱＞2 号箱＞3 号箱，去除率分别为 48％、47％、44％、38％，最高值与最低值间相差 10％；在静置期，取 5d 箱内存水活性磷浓度平均值计算去除率进行比较，不同箱体活性磷去除率由高到低顺序：4 号箱＞1 号箱＞2 号箱＞3 号箱，去除率分别为 66％、64％、63％、62％，最高值与最低值间相差 4％。

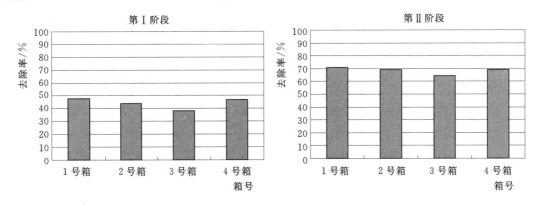

图 4.25　不同植物组合活性磷去除率

Fig. 4.25　Removal ratios of active phosphor with different hydrophyte groups

总体而言，在净水箱对活性磷的去除中，1 号箱（三棱草＋李氏禾）和 4 号箱（三棱草＋李氏禾＋芦苇）表现最佳，1 号箱明显优于其在氮去除中的表现；而 3 号箱（李氏禾）在磷和氮的去除中始终表现很差。不同植物组合间的除磷差异应与植物生长量有直接关系，5 个试验周期集中在 7 月，由 4.2.2 节中植物生长状况描述可知，李氏禾是三种植物中植株最为单薄矮小的，3 号箱（李氏禾）的植物生长床上植物生长量明显低于其他三箱。在 1 号箱（三棱草＋李氏禾）、4 号箱（三棱草＋李氏禾＋芦苇）和 2 号箱（李氏禾＋芦苇）三箱间活性磷的去除差异应与三棱草生长量有关，三箱生长床上三棱草湿重监测数据（7 月 31 日）分别为 438g、118g 和 0g，说明三棱草对活性磷的去除效果略优于芦苇。三棱草茎叶虽然不如芦苇高，却比芦苇肥厚多汁，分蘖和生长速度都快于芦苇，且有储存养分的地下球茎。

### 4.4.4　不同进水浓度对营养物去除率的影响

#### 1. 不同进水浓度对氮去除率的影响

不同进水浓度对氨氮去除的影响如图 4.26 所示，图中数据为 4 组数据均值（HRT＝3h）。

在行水期，取前 5 次出水均值计算去除率进行比较，净水箱对低、中、高三种浓度进水中氨氮的去除率分别为 57％、52％和 59％，净水箱对三种浓度进水中氨氮的去除率都很高且接近，说明其去除率对进水浓度的依赖性不高。在净水箱系统中，氨氮的主要去除机理为硝化细菌的硝化作用和基质对氨氮的吸附作用。本书 3.1.3 节基质对氨氮的静态吸附性能研究表明，新鲜陶粒对氨氮的饱和吸附量随溶液中氨氮浓度增高而增高。

静置期曲线表明，当进水氨氮浓度为 6.7mg/L 和 14.4mg/L 时，在静置期净水箱只需 1d 时间就可将其降至 0.4mg/L 以下。而当进水氨氮浓度为 24.1mg/L 时，净水箱在静置期对氨氮的去除速度显著减慢，需 5d 时间才将污水中氨氮浓度降至 2mg/L 以下。高浓

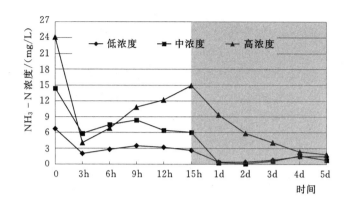

图 4.26　不同进水浓度对氨氮去除的影响

Fig. 4.26　Influence of different influent concentrations on NH₃ - N

removal in process of sewage disposed

度进水试验中静置期氨氮浓度下降速度相对与中、低浓度进水试验明显滞后。取第 5 天存水氨氮浓度平均值计算去除率进行比较，净水箱对低、中、高三种浓度进水中氨氮的去除率分别为 79%、94% 和 92%。

在静置期的第 1 天后，中、低两种进水浓度试验中净水箱内存水氨氮浓度有明显的小幅度上升趋势，这应主要源于基质对吸附氨氮的解析作用。本书 3.1.3 节基质对氨氮的静态解析性能研究表明，陶粒对氨氮的吸附是快速可逆的。当溶液中氨氮浓度减少时，部分不被吸附的氨氮就会解析并与溶液中氨氮浓度达到新的动态平衡。高浓度进水试验中静置期氨氮浓度下降速度相对与中、低浓度进水试验明显滞后，其主要原因之一是净水箱系统硝化能力有限；原因之二是陶粒对氨氮的解析作用：基质对氨氮的静态解析性能研究表明，陶粒吸附饱和后的氨氮最大解析量和解析比随饱和吸附量增高而增高，而饱和吸附量随进水溶液氨氮浓度增高而增高（见本书 3.1.3 节），在高浓度进水试验中，净水箱内陶粒间渗滤高浓度进水过程长达 18h。在静置期，当系统外源氨氮消失后，必然导致陶粒吸附氨氮的大量释放。

不同进水浓度对硝态氮去除的影响如图 4.27 所示。

在行水期，取前 5 次出水均值计算去除率进行比较，净水箱对低、中、高三种浓度进水中硝态氮的去除率分别为 46%、60% 和 66%，硝态氮去除率随进水浓度增高而增高。

静置期，取第 5 天存水硝态氮浓度平均值计算去除率进行比较，净水箱对低、中、高三种浓度进水中硝态氮的去除率分别为 28%、80% 和 56%。在静置期的第 1 天，高、中、低三种进水浓度试验中净水箱内存水硝态氮浓度接近。在随后 4d 中，高浓度进水试验中硝态氮浓度明显高出中、低浓度进水试验，这有两个主要原因：①高浓度进水试验中，陶粒在行水期吸附的大量氨氮在静置期解析，从而引发高强度硝化反应并造成硝态氮积累，进而降低硝态氮的去除率；②$SO_4^{2-}$ 和磷酸根离子等无机阴离子浓度锐增对硝态氮的去除率的影响。在污水处理系统中，水体中的 $SO_4^{2-}$、$NO_3^-$ 和磷酸根离子之间形成竞争吸附，会导致基质对 $NO_3^-$ 和磷酸根离子的吸附能力都有所下降。由表 4.18 可以看出，高浓度硝态氮进水试验中，进水中 $SO_4^{2-}$ 和磷酸根离子浓度相对于中、低浓度硝态氮进水试验锐

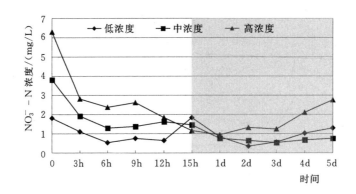

图 4.27　不同进水浓度对硝态氮去除的影响

Fig. 4.27　Influence of different influent concentrations on $NO_3^-$ – N

removal in process of sewage disposed

增，必然导致基质对 $NO_3^-$ 吸附能力下降，在4.4.5节中不同 HRT 对硝态氮去除率的影响试验中，也有相同的试验结果。

表 4.18　　　　　　　　不同进水浓度试验中进水污染物浓度

Tab. 4.18　　　Pollutant concentrations in comparing experiment of initial water

with different concentrations

| 污 染 物 指 标 | 高 浓 度 | 中 浓 度 | 低 浓 度 |
| --- | --- | --- | --- |
| 活性磷(P/mg/L) | 20.95 | 12.6 | 6.7 |
| $CuSO_4$(Cu/mg/L) | 6.14 | 0.19 | 0.18 |
| $ZnSO_4$(Zn/mg/L) | 26.78 | 1.67 | 1.65 |

### 2. 不同进水浓度对磷去除率的影响

不同进水浓度对活性磷去除的影响和去除率如图4.28所示，图中数据为4组数据平

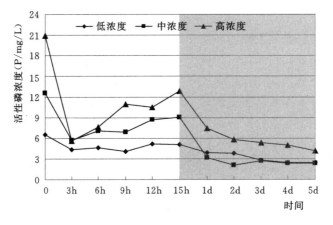

图 4.28　不同进水浓度对活性磷去除的影响

Fig. 4.28　Influence of different influent concentrations on

active phosphor removal in process of sewage disposed

均值（$HRT=3h$）。在行水期，取前 5 次出水均值计算去除率进行比较，净水箱对低、中、高三种浓度进水中活性磷的去除率分别为 29％、41％和 55％。由于基质吸附作用是湿地除磷的主要机理，所以净水箱内陶粒对活性磷的吸附强度对活性磷的去除起主导作用。由 3.1.4 节基质对活性磷的静态吸附性能研究可以看出，陶粒对磷的饱和吸附量随溶液中磷浓度增高而增多，与净水箱对不同进水浓度活性磷的去除规律相符。

在静置期，取第 5d 箱内存水活性磷浓度计算去除率进行比较，净水箱对低、中、高三种浓度进水中活性磷的去除率分别为 63％、81％和 80％。由图 4.49 中静置期浓度曲线变化可以看出，高浓度活性磷进水试验中的活性磷浓度值明显高于中、低浓度活性磷进水试验，这有以下两个主要原因：

（1）由 3.1.4 节基质对活性磷的静态解析性能研究可以看出，在外界溶液活性磷浓度瞬减后，陶粒中吸附磷的解析作用增强，解析速度很快，陶粒对磷的解析量随吸附量增高而增高，即随进水浓度增高而增高，与静置期净水箱内活性磷浓度变化规律基本相符。

（2）$SO_4^{2-}$ 和 $NO_3^-$ 等无机阴离子浓度增加，尤其是 $SO_4^{2-}$ 浓度锐增对活性磷去除率的影响。在污水处理系统中，水体中的 $SO_4^{2-}$、$NO_3^-$ 和磷酸根离子之间形成竞争吸附，会导致基质对磷酸根离子的吸附能力都有所下降。赵桂瑜[157]的试验结果表明 $SO_4^{2-}$ 和 $NO_3^-$ 对页岩陶粒吸附除磷作用存在明显的干扰，$SO_4^{2-}$ 和 $NO_3^-$ 的存在使页岩陶粒对磷的吸附量分别降低了 55.64％和 7.95％，$SO_4^{2-}$ 的存在对于陶粒对磷的吸附量下降影响远大于 $NO_3^-$。

## 4.4.5　不同水力停留时间（$HRT$）对营养物去除率的影响

### 1. 不同 $HRT$ 对氮去除率的影响

不同 $HRT$ 对氨氮去除的影响见图 4.29，图中数据为 4 组数据均值（进水浓度为中）。在行水期，取前 5 次出水均值计算去除率进行比较，净水箱对进水中氨氮的去除率分别为 38％（$HRT=30min$）、52％（$HRT=3h$）、60％（$HRT=6h$），氨氮去除率随水力停留时间延长而增高。在静置期，取第 5 天箱内存水氨氮浓度计算去除率进行比较，净水箱对进水氨氮不同 $HRT$ 下的去除率分别为 95.3％（$HRT=30min$）、94.4％（$HRT=3h$）和 94.1％（$HRT=6h$），基本相同。

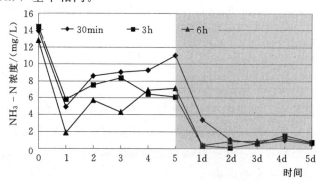

图 4.29　不同 $HRT$ 对氨氮去除的影响

Fig. 4.29　Influence of different influent concentrations on $NH_3 - N$ removal

in process of sewage disposed

在行水期，氨氮去除率随水力停留时间延长而增高，主要是硝化细菌的硝化作用和基质对氨氮的吸附作用共同作用的结果。本书3.1.3节基质对氨氮的静态吸附性能研究表明，新鲜陶粒对氨氮的吸附量在15h前随吸附时间延长而增加，与净水箱不同 $HRT$ 下进水氨氮的去除规律相符；另一方面，$HRT$ 的增加必然增强硝化细菌的硝化作用，提高行水期氨氮去除率。

不同 $HRT$ 对硝态氮去除的影响如图4.30所示，图中数据为4组数据均值（进水浓度为中）。在行水期，取前5次出水均值计算去除率进行比较，净水箱对进水中硝态氮的去除率分别为71%（$HRT=30min$）、60%（$HRT=3h$）、53%（$HRT=6h$），硝态氮去除率随水力停留时间延长而减少，这应与对应的氨氮去除率随水力停留时间延长而增高有关，较高的氨氮去除率会造成硝态氮的积累，从而降低硝态氮去除率。

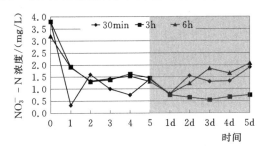

图 4.30　不同 $HRT$ 对硝态氮去除的影响

Fig. 4.30　Influence of different $HRT$ on $NO_3^- - N$ removal in process of sewage disposed

在静置期的第1天，三种水力停留时间试验中净水箱内存水硝态氮浓度接近，在随后4d中，$HRT$ 为3h试验中硝态氮浓度明显低于 $HRT$ 为30min和6h的试验，取第5d箱内存水硝态氮浓度计算去除率进行比较，净水箱对进水硝态氮不同 $HRT$ 下的去除率分别为50%（$HRT=30min$）、80%（$HRT=3h$）和35%（$HRT=6h$）。$HRT$ 为30min和6h的试验中，静置期硝态氮去除率明显低于 $HRT$ 为3h的试验中硝态氮去除率，其主要原因应为 $SO_4^{2-}$ 浓度锐增对

硝态氮的去除率的影响。在污水处理系统中，水体中的 $SO_4^{2-}$ 和 $NO_3^-$ 之间形成竞争吸附。由表4.19可以看出，$HRT$ 为30min和6h的试验中，进水中 $SO_4^{2-}$ 浓度相对于 $HRT$ 为3h进水试验锐增（3次进水中活性磷浓度基本相同），必然导致基质对 $NO_3^-$ 吸附能力下降。

表 4.19　　　　　　　　　　　　不同 HRT 试验中进水污染物浓度

Tab. 4.19　　　　Pollutant concentrations in comparing experiment of different HRT

| 污 染 物 指 标 | 30min | 3h | 6h |
| --- | --- | --- | --- |
| $CuSO_4$（Cu/mg/L） | 3.24 | 0.19 | 3.25 |
| $ZnSO_4$（Zn/mg/L） | 16.25 | 1.67 | 17.60 |

$HRT$ 为6h的试验中，静置期硝态氮去除率低于 $HRT$ 为30min的试验，应与其在行水期氨氮去除率较高有关，陶粒在行水期吸附的大量氨氮在静置期解析，从而引发高强度硝化反应并造成硝态氮积累，进而降低硝态氮的去除率。

**2. 不同 $HRT$ 对磷去除率的影响**

不同 $HRT$ 对活性磷去除的影响如图4.31所示，图中数据为4组数据平均值（进水浓度中）。在行水期，取前5次出水均值计算去除率进行比较，净水箱对进水活性磷不同 $HRT$ 下的去除率分别为35%（$HRT=30min$）、41%（$HRT=3h$）和46%（$HRT=$

6h)。由于基质吸附作用是湿地除磷的主要机理，所以净水箱内陶粒对活性磷的吸附强度对活性磷的去除起主导作用。由 3.1.4 节基质对活性磷的静态吸附性能研究可以看出，陶粒对磷的吸附量在 15h 前随吸附时间增长而增加，与净水箱不同 $HRT$ 下进水活性磷的去除规律相符。

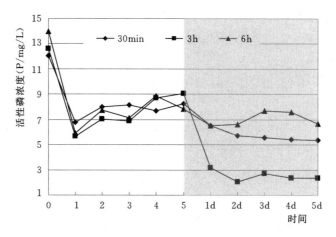

图 4.31　不同 $HRT$ 对活性磷去除的影响

Fig. 4.31　Influence of different $HRT$ on active phosphor removal
in process of sewage disposed

在静置期，取第 5 天箱内存水活性磷浓度计算去除率进行比较，净水箱对进水活性磷不同 $HRT$ 下的去除率分别为 55%（$HRT=30\text{min}$）、81%（$HRT=3\text{h}$）和 52%（$HRT=6\text{h}$）。

$HRT$ 为 30min 和 6h 的试验中，静置期活性磷去除率明显低于 $HRT$ 为 3h 的试验中活性磷去除率，其主要原因应为 $SO_4^{2-}$ 浓度锐增对活性磷去除率的负面影响。

$HRT$ 为 6h 的试验中，静置期活性磷去除率低于 $HRT$ 为 30min 的试验，应与其在行水期活性磷去除率较高有关，陶粒在行水期吸附的大量磷在静置期解析，降低了活性磷去除率。

### 4.4.6　不同净水箱组合数对营养物去除率的影响

#### 1. 不同净水箱组合数对氮去除率的影响

不同净水箱层数对氮去除的影响和净水箱层间氮浓度变化如图 4.32 所示，进水浓度为中，$HRT=3\text{h}$。在行水期，取前 5 次出水均值计算去除率进行比较，净水箱由高到低逐层氨氮的累计去除率分别为 48%、66%、79%、88%；净水箱对进水中硝态氮的逐层累计去除率分别为 51%、62%、74%、84%。可以看出随净水箱层数增加，净水箱对氨氮和硝态氮的累计去除率呈抛物线形式递增，第 1 层去除效果最显著，对氨氮和硝态氮的去除率分别占四层总去除率的 55% 和 61%（图 4.33）。

本次试验的第一层净水箱去除率（氨氮去除率 48%，硝态氮去除率 51%）要低于之前相同条件下试验的去除率（氨氮去除率 52%，硝态氮去除率 60%），这主要是受多层组合试验中先行 6 个净水箱容量的污水量（300L）的影响，同时也说明在实际应用中，净

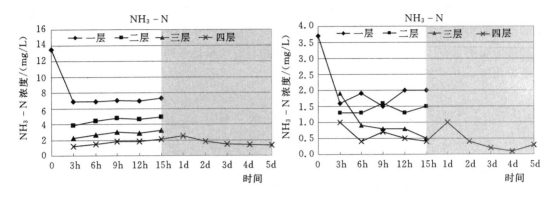

图 4.32　不同净水箱层数对氮去除的影响

Fig. 4.32　Influence of different box layers on removal of nitrogen in process of sewage disposed

水箱对氮的去除效果会更加理想。

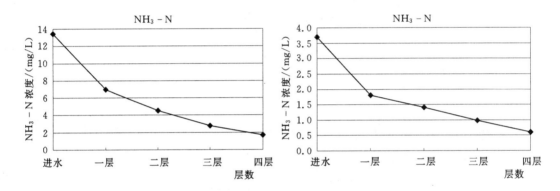

图 4.33　净水箱层间氮浓度变化

Fig. 4.33　Influence of different box layers on removal of nitrogen in process of sewage disposed

**2. 不同净水箱组合数对磷去除率的影响**

图 4.34 为不同净水箱层数对磷去除的影响，进水浓度为中，$HRT＝3h$。在行水期，取前 5 次出水均值计算去除率进行比较，净水箱对进水中活性磷由高到低逐层累计去除率分别为 33％、46％、59％、66％。图 4.35 为净水箱层间活性磷浓度变化，可以看出随净水箱层数增加，净水箱对磷的累计去除率以抛物线形式递增，第 1 层去除效果最显著，对活性磷的去除率占四层总去除率的 50％。

本次多层净水箱组合试验的第一层净水箱去除率与之前相同条件下单层净水箱试验的去除率相比略差（去除率分别为 33％和 41％），这主要是受多层组合试验中先行 6 个净水箱容量的污水量（300L）的影响。

**4.4.7　不同植物生长期对营养物去除率的影响**

**1. 不同植物生长期对氮去除率的影响**

图 4.36 为不同植物生长期四层净水箱组合氮变化情况，中浓度进水，$HRT＝3h$。不同植物生长期氮层间变化如图 4.37 所示。

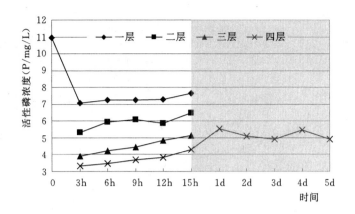

图 4.34　不同净水箱层数对活性磷去除的影响

Fig. 4.34　Influence of different box layers on removal of active
phosphorus in process of sewage disposed

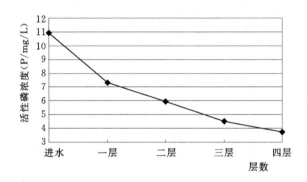

图 4.35　行水期净水箱层间活性磷浓度变化

Fig. 4.35　Variatin of active phosphorus concentration
along box layers

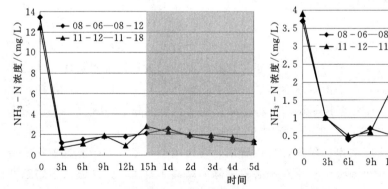

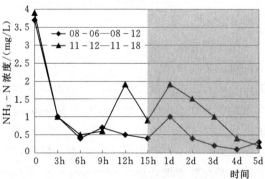

图 4.36　不同植物生长期四层净水箱组合氮变化

Fig. 4.36　Influence of different growth phases on nitrogen concentration
in process of sewage disposed

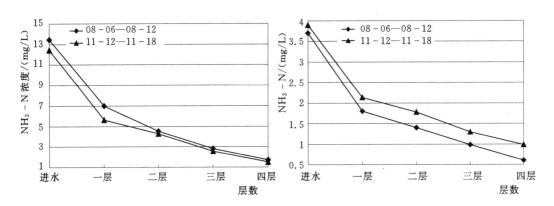

图 4.37　不同植物生长期氮层间变化

Fig. 4.37　Variatin of nitrogen concentration along box layers in different growth phases

在行水期，取前 5 次出水均值计算氮去除率进行比较，行水期不同植物生长期四层净水箱氨氮累计去除率分别为 87.5%（夏季）和 88.1%（秋季），硝态氮累计去除率分别为84%（夏季）和 75%（秋季）。在静置期，以 5d 第四层箱内存水氨氮浓度平均值计算，氨氮去除率分别为 87%（夏季）和 85%（秋季）；硝态氮去除率分别为 92%（夏季）和95%（秋季）。

可以看出，在行水期，秋季对氨氮去除率略高，在静置期，夏季对氨氮去除率略高，但无论在行水期还是静置期，净水箱对氨氮的去除效果在夏秋两季都很良好，差别并不显著。

由 4.1.2 微生物生长状况描述中不同生长期净水箱内硝化细菌数量比较可以看出，净水箱内不同微生物载体上的硝酸细菌数量秋季明显比夏季减少。在夏秋两季的比较试验中，静置期净水箱存水水样温度五天平均值分别为 27.6℃ 和 14.5℃。一般认为，微生物硝化作用的最佳温度是 30～35℃[141]，停止硝化作用的最低温度是 2～18℃[142-144]；在温度明显降低时，硝化细菌生长速率变慢，活性降低，直接影响硝化速率[145]。以上分析表明，即使不考虑死亡的植物残体逐渐向系统中释放氮，净水箱对氨氮去除效果在秋季应明显低于夏季。

净水箱在秋季对氨氮去除能力增强主要原因有以下两个方面：一是陶粒在低温下对氨氮吸附能力的增强，本书 3.1.1 节滤料选择中指出陶粒氨氮的最大理论吸附量随温度的降低而升高；二是温度降低后，水中溶解氧含量明显增加，强化了硝化反应。在行水期，秋季试验中 5 次出水 $D_O$ 平均值比夏季高出 22%；在静置期，秋季试验中 5d 存水 $D_O$ 平均值比夏季高出 33%（见 4.3.2 节污水处理过程中 $D_O$ 变化情况）。

在夏秋两季对硝态氮去除效果比较中，可以看出，在行水期，夏季对硝态氮去除率高于秋季；在静置期，虽然在第 5 天，秋季对硝态氮去除率略高于夏季，但从五天中硝态氮浓度变化曲线看，夏季对硝态氮去除率明显高于秋季。

对于反硝化作用，温度低于 15℃ 时，反硝化作用明显被抑制[146]。植物对硝态氮的去除也有一定影响，在夏季硝态氮是植物利用氮的主要形式，而在秋季，植物对水中营养盐直接吸收停止，并伴有死亡植物组织对氮的释放。另一方面，反硝化作用在厌氧环境下发生，秋季试验中水中溶解氧浓度高也会对反硝化起一定抑制作用。综合以上因素，夏季对硝态氮去除率应明显高于秋季。同时也可以看出，由于采用了棕纤维作为净水箱内持久稳定的有机碳源来强化反硝化作用，净水箱在秋季对硝态氮去除效果未有大幅度降低，去除效果良好。

**2. 不同植物生长期对磷去除率的影响**

图 4.38 为不同植物生长期四层净水箱组合活性磷浓度变化情况，中浓度进水，HRT＝3h。在行水期，取前 5 次出水均值计算磷去除率进行比较，行水期不同植物生长期四层净水箱活性磷累计去除率分别为 66%（夏季）和 79%（秋季）。不同植物生长期活性磷层间变化如图 4.39 所示。在静置期，取第 5 天第 4 层箱内存水活性磷浓度计算去除率进行比较，不同植物生长期四层净水箱活性磷累计去除率分别为 55%（夏季）和 76%（秋季）。

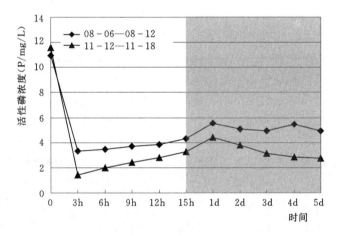

图 4.38　不同植物生长期四层净水箱组合活性磷变化

Fig. 4.38　Influence of different growth phases on active phosphor concentration in process of sewage disposed

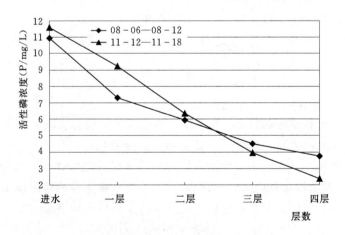

图 4.39　不同植物生长期活性磷层间变化

Fig. 4.39　Variatin of active phosphor concentration along box layers in different growth phases

可以看出，无论在行水期还是静置期，净水箱对活性磷的去除效果在秋季明显优于夏季。两生长期植物叶绿素相对含量比较见4.2.2节，通常情况下，植物在秋季枯萎死亡会停止对磷的吸收，并会伴有对磷的释放，不利于系统对磷的去除。在夏秋两季的比较试验中，静置期净水箱存水水样温度5d平均值分别为27.6℃和14.5℃。本书3.1.1节滤料选择中指出陶粒磷的最大理论吸附量随温度的降低而升高，这是净水箱对活性磷的去除效果在秋季优于夏季的主要原因；同时，本试验结果也对陶粒对磷最大理论吸附量随温度降低而升高的观点进行了验证。

以上结论说明为加强秋冬季节净水箱对活性磷去除效果而选用陶粒作为滤料的方案是成功的。

## 4.5　重金属去除规律分析

### 4.5.1　概述

在城市径流污染中，通常受关注的重金属为 Cu、Zn、Pb 和 Cd[158]，Chang[159,160]认为屋面径流中 Cu 和 Zn 污染超标严重。Allen 等[161]研究表明，城市径流中 Cu 主要来源为汽车制动瓦片和建筑防腐材料，负荷约为 $0.038kg/(hm^2 \cdot a)$；Zn 主要来源为屋面材料和轮胎磨损，负荷约为 $0.646kg/(hm^2 \cdot a)$；Pb 主要来源为含 Pb 涂料和油漆，负荷约为 $0.069kg/(hm^2 \cdot a)$；Cd 主要来源为大气降尘和建筑外墙材料，负荷约为 $0.0012kg/(hm^2 \cdot a)$。

城市污水主要以两种形态存在，即溶解态和颗粒物结合态，重金属在污水中形态与污水基本性质（如 pH、$E_h$、SS 等）和金属种类有关[162,163]。Karvelas 等[163]研究表明，Cu、Zn、Pb、Cd 主要以颗粒物结合态存在于污水中，约占对应金属总量的 75%～95%。Jenkins 等[164]认为上述四种在污水中的溶解性强弱顺序为 Zn>Cd>Pb>Cu。

湿地基质在重金属污染物的固定和去除过程中起主要作用，这与湿地土壤中的沉积作用、过滤作用、吸附作用、降解作用、化学迁移作用、挥发作用和生物同化作用等化学和生物过程有关[166]。Obarska - Pempkowiak 等[167]研究表明处理含有重金属 Cu、Zn、Pb、Cd 的生活污水的湿地系统，其沉积物中重金属的含量沿水流方向递减，其主要的去除机制是系统中颗粒物质对重金属的吸附作用。Scholz 等[168]对人工湿地处理城市污水（含高浓度 Cu 和 Pb）的研究表明，湿地系统对重金属污染的去除效果良好与土壤吸附性能和氧化还原状况有关。缪绅裕等[169]对秋茄湿地系统中 Zn 的分配测定表明，加入湿地系统的 Zn 存留在土壤中的量占加入 Zn 总量的 89.45%。

湿地植物和微生物可以通过多种机制对污水中重金属进行去除[170-172]。

微生物对重金属的去除机理包括：微生物对重金属的吸收作用[173]；微生物分泌物的配合作用与螯合作用；微生物生长代谢产物对重金属促进沉淀作用[174]；微生物对重金属的解毒作用[175]；微生物对重金属的转化作用[176]；微生物本身的吸附作用[177]。

湿地植物对重金属的去除机理包括：植物对重金属的吸收和储存[178-180]；植物的挥发作用[181]；植物的还原解毒作用[182]；植物根系的吸附固定作用；植物通过改变根际微环境影响基质和其间微生物的重金属去除[183,184]。

部分植物对重金属元素有超积累作用，湿地植物可吸收部分重金属[185-187]，但湿地生的重金属超积累植物（hyperaccmnulator）未见统计[188]。植物中重金属含量与其生存环境中重金属水溶态或离子交换态含量直接相关，弓晓峰等[189]研究表明，植物对重金属的富集能力表现出 Zn＞Cu＞Cd＞Pb 的趋势。

不同的植物对重金属吸收的能力不同，不同的植物吸收重金属的种类也不同[190]。同种植物的不同基因型对重金属吸收和积累能力也不同，刘敏超等[191,192]研究表明不同基因型水稻吸镉能力有很大差异。

本书以 Cu 和 Zn 作为代表来研究净水箱对重金属的去除效果，试验用配制污水中 Cu 和 Zn 都为溶解态。金属去除率与进水浓度高度相关，如果不考虑进水浓度，试验所得的金属去除效率是没有太大参考价值的，所以在以下 Cu 和 Zn 去除的试验过程中，都对进水浓度进行了说明。

**1. 金属 Cu**

地表水中铜的平均浓度为 $2\mu g/L$，通常以二价螯合物形式存在。以干重计，湿地土壤中铜的背景值小于 1mg/kg；在未受污染的湿地植物中，铜含量低于 20mg/kg；在处理城市污水湿地中的香蒲根部铜含量可达 45mg/kg。表流湿地中香蒲对铜的吸收速率常数为 120m/a，潜流湿地吸收速率常数为 18～47m/a；湿地对铜的去除主要是土壤，占 91%，小部分是细根部，占 8%[115]。

**2. 金属 Zn**

地表水中锌的平均浓度为 $10\mu g/L$，通常以二价形式存在。未受污染的湿地土壤中锌的含量一般小于 120mg/kg，受纳城市污水和河水的湿地土壤含量可高达 779mg/kg；以干重计，未受污染的湿地植物中锌含量为 10～100mg/kg，而接受铅锌矿山排水的湿地香蒲根系中含锌量高达 341mg/kg，芦苇和香蒲的地上部分含锌量为 30～116mg/kg。湿地对锌的去除主要是土壤，占 80%，其次是细根部，占 17%[115]。

### 4.5.2　污水处理过程中铜和锌的变化趋势

图 4.40 为 3 个试验周期污水处理过程中铜和锌浓度的变化趋势。3 个试验中进水铜的浓度为 3.24～6.14mg/L，进水锌的浓度为 16.25～26.78mg/L。可以看出，在行水期，净水箱对铜有很好的去除效果，平均去除率为 64%，去除效果随运行时间而减弱，第 1次和第 5 次出水铜去除率分别为 74%和 48%。在行水期，净水箱对锌也有很好的去除效果，平均去除率为 90%，去除效果随运行时间有微弱的减弱趋势，第 1 次和第 5 次出水铜去除率分别为 95%和 88%。

可以看出净水箱对锌的去除稳定性优于铜。3 个试验周期中净水箱出水铜和锌浓度平均值分别为 1.42mg/L 和 1.60mg/L，而进水锌浓度近 5 倍于进水铜浓度，Cu 和 Zn 由于在离子活性、电子价层、离子大小、配合物稳定性等方面均相似，所以净水箱对铜和锌的去除能力大体接近，3 个试验周期中在行水期 Cu 和 Zn 去除率相关系数为 $0.623*(p=0.013＜0.05, n=15)$，显著正线性相关，试验数据中表现出的 Cu 和 Zn 去除率差异应与进水浓度差异有关。

### 4.5.3　不同植物组合对铜和锌去除率的影响

不同植物组合对铜和锌去除的影响和去除率如图 4.41 和图 4.42 所示，图中数据为 3个试验周期的数据平均值。3 个试验中进水铜的浓度为 3.24～6.14mg/L；进水锌的浓度

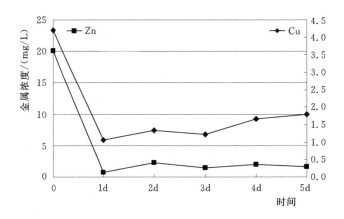

图 4.40 污水处理过程中铜和锌浓度变化趋势

Fig. 4.40 General change trend of concentrations of Cu and Zn

in process of sewage disposed

为 16.25～26.78mg/L。

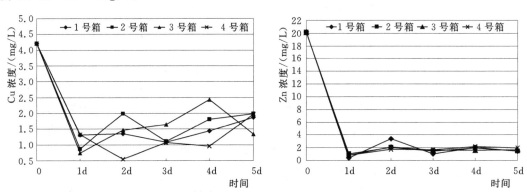

图 4.41 不同植物组合对铜和锌去除的影响

Fig. 4.41 Influence of different hydrophyte groups on concentrations of

Cu and Zn in process of sewage disposed

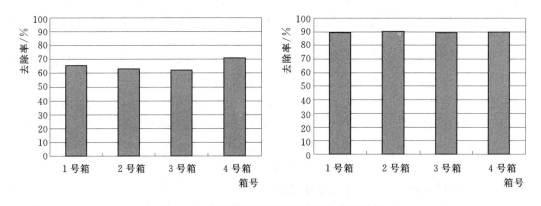

图 4.42 行水期不同植物组合铜和锌去除率

Fig. 4.42 Removal ratios of Cu and Zn with different hydrophyte groups

可以看出不同植物组合间铜的浓度变化过程处于不稳定的波动状态。在行水期，取前 5 次出水均值计算铜去除率进行比较，不同箱体去除率由高到低顺序：4 号箱（三棱草＋李氏禾＋芦苇）＞1 号箱（三棱草＋李氏禾）＞2 号箱（李氏禾＋芦苇）＞3 号箱（李氏禾），去除率分别为 71%、66%、63%、62%，最高值与最低值间相差 9%。说明三棱草对 Cu 的去除效果略优于芦苇。

植物根系形态结构对重金属去除有主要影响，不同形态结构的根系其去除机理与效率不同，如轴根系与须根系、粗根与细根、深根与浅根、这些根系特征都会关系到湿地内部环境状况，尤其是氧环境，影响到根系的代谢与根系周围重金属的有效状态，进而影响到对重金属的吸收与积累[193]。三棱草、李氏禾和芦苇根系形态结构明显不同（见 3.3.3 节对以上三种植物根系生长观测），可能是三棱草、李氏禾和芦苇三种植物根系的互补作用强化了 4 号箱（三棱草＋李氏禾＋芦苇）较好的 Cu 去除效果（不同箱号水生植物根系生物量监测见 4.2.2 节）。

在行水期，取前 5 次出水均值计算锌去除率进行比较，1 号箱至 4 号箱去除率分别为 89.4%、90.5%、89.5%、90.0%，基本上没有差别。

### 4.5.4　不同进水浓度对铜和锌去除率的影响

不同进水浓度对铜和锌去除的影响和去除率如图 4.43 和图 4.44 所示，图中数据为 4 组数据平均值（$HRT=3h$）。净水箱中低、中、高三种浓度进水中的铜浓度分别为 0.18mg/L、3.19mg/L、6.14mg/L。在行水期，取前 5 次出水均值计算去除率进行比较，对三种浓度进水中铜的去除率分别为 51%、68% 和 74%。

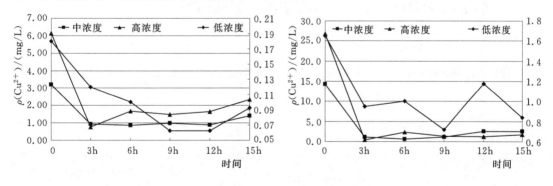

图 4.43　不同进水浓度对铜、锌去除率影响

Fig. 4.43　Influence of different influent concentrations on removal of Cu and Zn in process of sewage disposed

低、中、高三种浓度进水中的锌浓度分别为 1.65mg/L、14.32mg/L、26.78mg/L，对三种浓度进水中锌的去除率分别为 43%、89% 和 95%。

由于基质吸附作用是湿地去除重金属的主要机理，所以净水箱内陶粒对 Cu 和 Zn 的吸附强度对 Cu 和 Zn 的去除起主导作用。由 3.1.4 节基质对 Cu 的静态吸附性能研究可以看出，陶粒对 Cu 的饱和吸附量随溶液中 Cu 浓度增高而增高，与净水箱对不同进水浓度 Cu 的去除规律相符。

由 3.1.4 节基质对 Cu 的静态解析性能研究可以看出，三种浓度溶液吸附饱和陶粒 5d

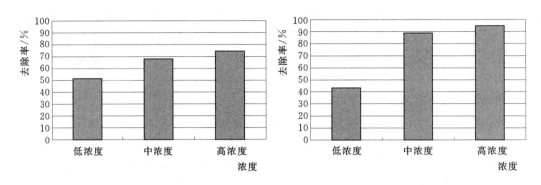

图 4.44　不同进水浓度铜、锌去除率

Fig. 4.44　Removal ratios of Cu and Zn with different influent concentrations

的最大解析量都不超过 0.001mg/g（陶粒），解析量很小，尽管低浓度溶液吸附饱和陶粒 5d 解析百分比高达 44.4%。由此推断在静置期的第 2d 后，净水箱内存水 Cu 浓度低且稳定。

陶粒对 Cu 的吸附与解析是同步进行的，由于低浓度溶液条件下陶粒对 Cu 的高解析比，导致净水箱对低浓度进水中 Cu 的去除率较低且不稳定。

由于 Cu 和 Zn 在离子活性、电子价层、离子大小、配合物稳定性等方面的相似性，所以在不同进水浓度试验中表现出相似的去除规律，以上结论应同样适用解释于 Zn 的去除规律。

### 4.5.5　不同水力停留时间（HRT）对铜和锌去除率的影响

不同 HRT 对铜和锌去除的影响如图 4.45 和图 4.46 所示，图中数据为 4 组数据平均值，净水箱进水浓度为中，进水中的铜浓度为 3.19～3.25mg/L。在行水期，取前 5 次出水均值计算去除率进行比较，净水箱对进水中铜的去除率分别为 42%（HRT＝30min）、68%（HRT＝3h）、72%（HRT＝6h）。

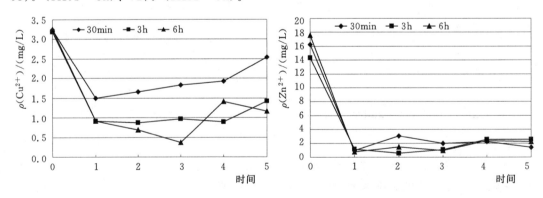

图 4.45　不同 HRT 对铜和锌去除率影响

Fig. 4.45　Influence of different HRT on removal of Cu and Zn in process of sewage disposed

净水箱进水中的锌浓度为 14.32～17.60mg/L。在行水期，取前 5 次出水均值计算去除率进行比较，净水箱对进水中锌的去除率分别为 88%（HRT＝30min）、89%（HRT＝3h）、91%（HRT＝6h）。

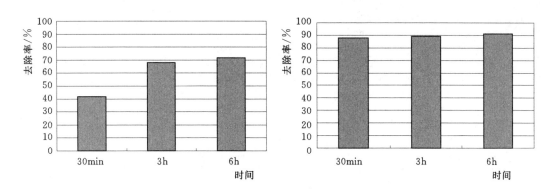

图 4.46　不同 *HRT* 铜和锌去除率

Fig. 4.46　Removal ratios of Cu and Zn with different *HRT*

　　由于基质吸附作用是湿地去除重金属的主要机理，所以净水箱内陶粒对 Cu 的吸附强度对 Cu 的去除起主导作用。由 3.1.4 节陶粒对 Cu 的静态吸附性能研究可以看出，陶粒对中浓度溶液中 Cu 的吸附量在 15h 前随吸附时间增长而增加，与净水箱不同 *HRT* 下进水 Cu 的去除规律相符。同时，吸附试验表明在中浓度溶液中陶粒对 Cu 的吸附饱和时间约为 3～4h，所以 *HRT*=3h 和 *HRT*=6h 时的去除率比较接近。

　　由于 Cu 和 Zn 在离子活性、电子价层、离子大小、配合物稳定性等方面的相似性。以上结论应同样适用解释 Zn 的去除规律，但 Zn 去除率对 *HRT* 的依赖程度明显小于 Cu，这应与 Cu 和 Zn 进水浓度在数量级上的差别有关。

### 4.5.6　不同净水箱组合数对铜和锌去除率的影响

　　不同净水箱层数对铜和锌去除的影响和层间浓度变化如图 4.47 和图 4.48 所示，进水浓度为中，*HRT*=3h。在行水期，取前 5 次出水均值计算去除率进行比较，净水箱由高到低逐层铜的累计去除率分别为 59%、87%、91%、94%；净水箱对进水中锌的逐层累计去除率分别为 85%、89%、95%、98%。可以看出随净水箱层数增加，净水箱对 Cu 和 Zn 的累计去除率以抛物线形式递增，第 1 层去除效果最显著，对铜和锌的去除率分别占四层总去除率的 74% 和 86%。

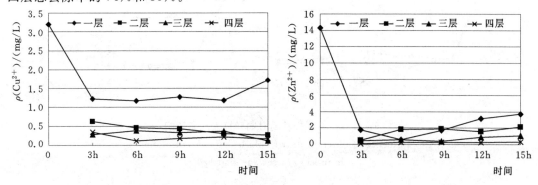

图 4.47　不同净水箱组合数对铜和锌去除率影响

Fig. 4.47　Influence of different box layers on removal of Cu and Zn

in process of sewage disposed

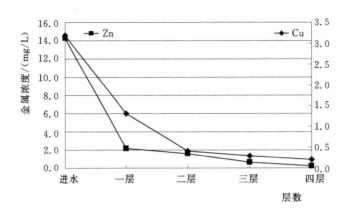

图 4.48　净水箱层间铜和锌浓度变化

Fig. 4.48　Variatin of concentrations of Cu and Zn along box layers

　　本次试验的第一层净水箱去除率（铜去除率 59%，锌去除率 85%）要低于之前相同条件下试验的去除率（铜去除率 68%，锌去除率 89%）。这主要是受多层组合试验中先行 6 个净水箱容量的污水量（300L）的影响。可以看出 Cu 去除率比 Zn 更易受到水力负荷的影响，与本书 4.7.2 节污水处理过程中铜和锌的总变化趋势一致。

### 4.5.7　不同植物生长期对铜和锌去除率的影响

　　不同植物生长期四层净水箱组合 Cu 和 Zn 出水浓度变化和层间浓度变化情况如图 4.49 和图 4.50 所示。中浓度进水，$HRT=3h$。在行水期，取前 5 次出水 Cu 平均值计算去除率进行比较，行水期不同植物生长期四层净水箱 Cu 累计去除率分别为 94%（夏季）和 89%（秋季）；Zn 累计去除率分别为 98%（夏季）和 93%（秋季）。可以看出在行水期净水箱对 Cu 和 Zn 的去除效果在夏季略优于秋季。

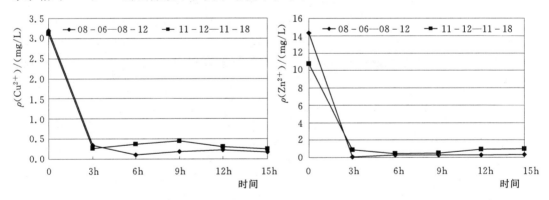

图 4.49　不同生长期对铜和锌去除率影响

Fig. 4.49　Influence of different growth phases on concentrations of Cu and Zn
in process of sewage disposed

　　湿地植物和微生物可以通过多种机制对污水中重金属进行去除[185]，在秋季，净水箱内植物和微生物活性减弱，微生物数量也显著减少（见 4.2.2 节微生物生长状况描述）。这些都会弱化湿地植物和微生物上述对重金属去除机制的作用，导致 Cu 和 Zn 的去除效

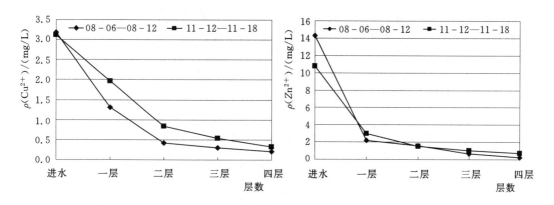

图 4.50　不同生长期净水箱层间铜和锌浓度变化

Fig. 4.50　Variatin of concentrations of Cu and Zn along box layers
in different growth phases

果在秋季略差于夏季。

## 4.6　陶粒再生研究

### 4.6.1　概述

在人工湿地内部，进水溶液、基质、植物和微生物间为复杂的相互作用关系，人工湿地基质不是氮磷吸附饱和后就不再发生变化，而是时刻参与到湿地系统内部的整个氮磷的动态迁移中。基质中氮磷在多种因素作用下向外迁移的过程中，基质对氮磷吸附交换能力也在重新增强，即实现生物再生。

**1. 基质吸附氨氮能力的生物再生**

植物直接吸收湿地水体中的氨氮和硝态氮合成自身物质。植物不仅只从污水中吸收氮，还吸收湿地基质吸附的以及沉积在基质中的氮。水生植物在生长旺盛期可以从基质中获取氮，这为重新增强基质对氨氮吸附交换能力提供了可能。

在滤料生物再生研究中，研究较多的是沸石对氨氮吸附的再生[194-196]。Dimova 等[197]提出在系统中加入少量阳离子（如 $Na^+$），可加快沸石生物再生。温东辉等[198]通过在沸石床体中铺垫竹子作为缓释碳源，来促进对沸石的生物再生作用。经过 4~6 个月的静置，空白沸石床体和铺垫竹子的床体中的沸石的铵吸附能力分别恢复了 22%~27% 和 30%~36%，外加竹子对沸石的生物再生有一定促进作用。付融冰[199]研究表明，在连续曝气运行条件下，投加硝化污泥的沸石柱约经过 3 个月时间达到 90% 以上的再生程度，而仅依靠沸石载体上自身硝化菌的沸石柱，达到相同的再生程度需要约 5 个月时间。

**2. 基质吸附磷能力的生物再生**

在湿地环境中，基质内多种阳离子可以与进水中活性磷以磷酸盐的形式沉淀下来，其中重要的矿物质沉淀包括：磷灰石 $Ca_5(Cl, F)(PO_4)_3$、羟基磷灰石 $Ca_5(OH)(PO_4)_3$、红磷铁矿 $Fe(PO_4) \cdot 2H_2O$、蓝铁矿 $Fe_3(PO_4)_2 \cdot 8H_2O$、磷铝石 $Al(PO_4) \cdot 2H_2O$、银星石 $Al_3(OH)_3(PO_4)_3 \cdot 5H_2O$。通常情况下，基质对无机磷吸附饱和后，除磷效果明显下降[200]。

在人工湿地中，植物根系的分泌作用、植物腐烂和微生物分解均会产生一定量有机酸。植物根系常主动或被动释放大量的有机物质进入根际，其中低分子量有机酸在根系分泌物中占有相当比例[201]。低分子量（low - molecular - weight organic acids，LOAs）有机酸指分子量小于 500 的含羧基化合物[202]。植物根系分泌的 LOAs 有柠檬酸、草酸、苹果酸、酒石酸、乙酸等，尽管这些有机酸在土壤中存在时间很短，但植物根系对其分泌和释放是一个持续不断的过程[203]。

有机酸能明显促进 Ca—P、Fe—P 和 Al—P 中磷的释放。有机酸是通过溶解、螯合等作用促进不同磷酸盐中磷的释放[204]，使湿地基质对磷去除效果在一定程度恢复再生成为可能。

有机酸对磷酸盐的活化与有机酸种类、浓度和磷酸盐种类关系密切。陆文龙等[204]研究认为不同有机酸活化磷酸盐能力从大到小的顺序为柠檬酸＞草酸＞酒石酸＞苹果酸；庞荣丽[206]等研究认为不同有机酸活化磷酸盐的能力依次为柠檬酸、草酸＞酒石酸＞苹果酸＞乙酸，结论基本一致。磷酸盐的活化随着有机酸浓度的增加而增加[204,206]。不同磷酸盐活化的难易程度是 $Ca_2$—P（DCP）＞$Ca_8$—P（OCP）＞Fe—P＞$Ca_{10}$—P（FA）＞Al—P[204]。Pant[207]发现湿地土壤吸磷和释磷是同时发生的，且酸可浸提性镁磷占湿地磷累计释放量的 76%。在还原条件下，含铁的磷酸盐沉淀物溶解释放磷，Syers[208]认为草酸可浸提性铁离子与磷的吸附关系最大。

除了有机酸促进 Ca—P、Fe—P 和 Al—P 中磷的释放，使湿地基质对磷去除效果在一定程度再生外，在人工湿地实际运行过程中，基质的表面会产生新的活性吸附位，从而实现基质对磷吸附能力再生。这是因为，吸附在基质表面的非晶形沉淀会逐渐向晶形沉淀转变，这一过程将会产生新的活性吸附位[209,210]。Baker 等[211]在研究方解石的吸附除磷作用时观察到磷酸钙的成核（nucleation）和沉淀（precipitation）现象。

## 4.6.2 材料与方法

### 1. 试验设计

为了确定净水箱内陶粒氮磷吸附交换能力真实的生物再生效果，本书采用定期检测陶粒中氮磷含量的方法来确定陶粒中氮磷含量的变化。

为了与前期试验在数据上有所比较，试验运行参数如下：进水浓度为中；总进水量为 300L，$HRT=3h$，即行水期为 18h。在进水结束后，立即取净水箱内陶粒检测氮磷含量，并分别于静置期的 1d、5d、10d、20d 和 40d 取净水箱内陶粒检测氮磷含量。为了确定陶粒原位再生过程中净水箱内污水氮磷的背景浓度，在对陶粒进行取样检测同时，对箱内存水取样检测氨氮、硝态氮、总磷和活性磷的浓度值。

试验启动日期为 9 月 31 日，于 11 月 11 日结束。

### 2. 净水箱内陶粒氨氮的测定

基质上吸附氨氮采用浸提-纳氏比色法测定[212]。

配制浓度为 2mol/L 的 KCl 溶液 25mL，放入 100mL 的三角瓶中待用。现场取吸附氨氮的陶粒基质自然干燥后称取 10g，为了使陶粒颗粒上吸附的氨氮充分被浸提出来，将陶粒颗粒碾碎，然后投入装有 KCl 溶液的三角瓶中，将三角瓶口严密封好，以 200r/min 的转速充分振荡 30min，充分静止沉淀后，用 0.5μm 的滤膜过滤，然后采用纳氏比色法测定浸提液中的氨氮量。

**3. 净水箱内陶粒磷的测定**

陶粒磷主要分为两部分：一是弱吸附磷（$P_{labile}$，loosely sorbed P），这部分磷以范德华力吸附在陶粒内晶体物质表面，可直接被植物和微生物利用；二是磷酸盐沉淀，包括铁磷（Fe—P）、钙磷（Ca—P）、铝磷（Al—P）和镁磷（Mg—P），在本书中将这部分弱吸附磷以外的相对稳定的陶粒磷统称为余磷（Pr）。

取 1mol/L 的 $NH_4Cl$ 溶液 25ml 放入 100mL 的三角瓶中，现场取吸附磷后的基质陶粒自然干燥后称取 10g。为了使陶粒颗粒上吸附的磷充分被浸提出来，将陶粒颗粒碾碎。然后投入装有 $NH_4Cl$ 溶液的三角瓶中，将三角瓶口严密封好，在 25℃温度条件下，以 120r/min 的转速振荡 17h，充分静止沉淀后，用 0.7$\mu$m 的滤膜过滤，取适当过滤液，测其磷含量得到陶粒的弱吸附磷（$P_{labile}$）量。然后将剩余的过滤液的 pH 调至中性，加入 1mol/L 的 $H_2SO_4$、6％的 $K_2S_2O_3$ 溶液各 5mL 进行消解后，采用钼酸盐标准方法测定磷，即可得到余磷（Pr）量，如图 4.51 所示。

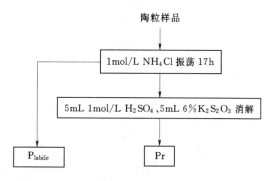

图 4.51　基质磷形态分级浸提方法
Fig. 4.51　Sequential extraction scheme of Phosphorus in substrate

**4. 陶粒表面形态的观测**

陶粒表面形态的观察用环境扫描电子显微镜（FEI QUANTA200）。

## 4.6.3　结果与讨论

**1. 净水箱内陶粒氨氮吸附能力再生效果分析**

表 4.20 为净水箱内陶粒氨氮吸附再生试验监测数据汇总表。

表 4.20　　　　　　　陶粒氨氮吸附再生试验监测数据汇总表
Tab. 4.20　　　　　　Tested data during experiment of adsorption capacity
regeneration of ceramsite to $NH_3$ – N

| 检测时间/(月-日) | 09－31 | 10－01 (1d) | 10－06 (5d) | 10－11 (10d) | 10－21 (20d) | 11－11 (40d) |
|---|---|---|---|---|---|---|
| 溶液氨氮浓度/(mg/L) | 13.45 | 3.00 | 0.20 | 0.18 | 0.23 | 0.19 |
| 硝态氮浓度/(mg/L) | 3.7 | 1.4 | 0.8 | 0.7 | 1.5 | 0.5 |
| 陶粒氨氮含量/(mg/g) | 0.99 | 0.34 | 0.26 | 0.25 | 0.26 | 0.45 |
| 再生率/% | — | 66 | 74 | 75 | 74 | 55 |

净水箱内溶液氮背景浓度变化如图 4.52 所示。可以看出在停止进水后第 1d，净水箱内溶液氨氮和硝态氮浓度锐减，在第 1 天～第 10 天间，净水箱内溶液氨氮和硝态氮浓度下降速度逐渐变缓，在第 20 天，溶液氨氮和硝态氮浓度有小幅度回升，并在第 40 天小幅度回落。净水箱内水生植物在 10 月中旬开始出现部分叶片枯黄现象，第 10 天～第 20 天间，是植物生长床以上株体部分逐渐枯萎的阶段，水面以下的部分植物根系和大量微生物

死亡（见 4.2.2 节微生物生长状况描述）也相继发生，死亡植物组织和微生物对氮的释放应该是在第 20 天溶液氨氮和硝态氮浓度有小幅度回升的主要原因。在第 40 天，溶液氨氮和硝态氮浓度有小幅度回落。其原因为死亡植物组织和微生物对氮的释放高峰期已过，系统内通过微生物的硝化作用与反硝化作用的脱氮效率大于系统对氮的释放效率，使溶液氨氮和硝态氮浓度重新出现减少趋势；期间，陶粒在温度降低后对氨氮吸附能力的增强也应起重要作用。

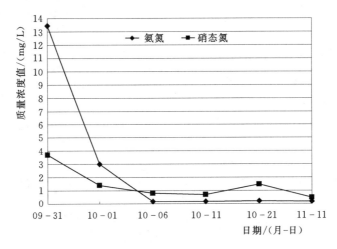

图 4.52　净水箱内溶液氮背景浓度变化

Fig. 4.52　Concentration change of nitrogen of sewage in water purifying box

净水箱内陶粒氨氮含量变化见图 4.53。可以看出在停止进水后第 1 天，净水箱内陶粒氨氮含量锐减，再生率达到 66%；并在第 1 天～第 10 天间，净水箱内陶粒氨氮含量下降速度逐渐变缓，在第 10 天，再生率达到 75%；在第 20 天～第 40 天，陶粒氨氮含量小幅度回升。在整个监测过程中，陶粒氨氮含量与溶液背景氨氮浓度变化趋势基本一致，略有不同的是在第 40 天，陶粒氨氮含量并未小幅度回落，而是有小幅度回升。

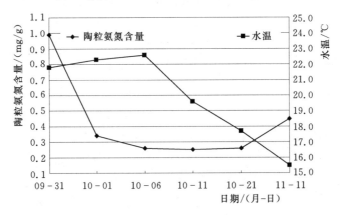

图 4.53　净水箱内陶粒氨氮含量和水温变化

Fig. 4.53　Change of water temperature and NH₃ - N content of

ceramsite in water purifying box

净水箱系统在静置期对其内部陶粒氨氮吸附能力有显著的原位生物再生效果，在第 1 天，再生率达到 66%，第 5 天，再生率达到 74%。陶粒再生试验在秋季进行，植物吸收对氮的去除作用较小，可以忽略不计，对净水箱内陶粒生物再生主要是由硝化细菌来的。硝化细菌在陶粒再生过程中所起的作用包括两方面：一是降解净水箱内溶液中氨氮，降低液相中的氨氮浓度，扩大固相与液相间氨氮浓度差，从而加快陶粒中氨氮的解析；二是硝化细菌直接氧化陶粒外层吸附和交换的氨氮，使陶粒外层孔道中的交换位空出，促进陶粒内部氨氮向外扩散，从而加速氨氮的解析。

通过对图 4.53 中陶粒氨氮含量变化曲线、水温变化曲线和图 4.52 中溶液氨氮浓度变化曲线三条曲线分析比较可以看出，陶粒氨氮含量同时受液相氨氮浓度和温度两个因素影响：一方面，液相与固相间氨氮浓度差控制着陶粒内氨氮的解析强度，陶粒氨氮含量随液相氨氮浓度下降而降低；另一方面，随着液相温度逐步降低，陶粒对氨氮吸附强度增加，陶粒氨氮含量随液相温度下降而升高。所以陶粒氨氮含量变化曲线表现出先快速下降，后缓慢下降，再缓慢上升的过程。以上分析同时也说明，在气温较高且植物和微生物生长旺盛的春夏季节，净水箱系统对其内陶粒氨氮吸附能力原位生物再生效果会更显著。

再生试验监测过程中陶粒氨氮含量基本上都高于陶粒氨氮最大理论吸附量 0.256mg/g（见本书 3.1.6 节基质吸附等温线分析），监测过程中陶粒氨氮最高含量为 0.99mg/g，是陶粒氨氮最大理论吸附量 3.87 倍。净水箱系统内陶粒实际氨氮吸附量大于最大理论吸附量有两个主要原因：①经过较长时间运行期后的系统内陶粒上覆盖有大量有机质，这些有机质的吸附和配合作用增强了陶粒对铵离子的吸附能力；②吸附在陶粒表面的磷的非晶形沉淀会逐渐向晶形沉淀转变（图 4.56 新鲜陶粒和生物膜陶粒电镜扫描照片），这一过程会产生新的活性吸附位[209,210]，从而增强对氨氮的吸附能力。

**2. 净水箱内陶粒磷吸附能力再生效果分析**

表 4.21 为净水箱内陶粒磷吸附再生试验监测数据汇总表。

表 4.21　　　　　　　　陶粒磷吸附再生试验监测数据汇总表

Tab. 4.21　　　　　Tested data during experiment of adsorption capacity regeneration of ceramsite to phosphor

| 检测时间/（月-日） | 09-31 | 10-01 (1d) | 10-06 (5d) | 10-11 (10d) | 10-21 (20d) | 11-11 (40d) |
|---|---|---|---|---|---|---|
| 溶液总磷浓度/（mg/L） | 10.94 | 6.72 | 4.14 | 2.42 | 1.80 | 0.80 |
| 溶液活性磷浓度/（mg/L） | 10.94 | 5.88 | 3.21 | 1.56 | 0.67 | 0.48 |
| 陶粒弱吸附磷含量/（mg/g） | 0.90 | 1.09 | 0.58 | 0.48 | 0.77 | 0.53 |
| 陶粒余磷含量/（mg/g） | 1.25 | 1.52 | 0.81 | 0.75 | 0.9 | 0.83 |
| 陶粒全磷含量/（mg/g） | 2.15 | 2.61 | 1.39 | 1.23 | 1.67 | 1.35 |
| 陶粒弱吸附磷占全磷百分比/% | 42 | 42 | 42 | 39 | 46 | 39 |
| 陶粒全磷再生率/% | — | -22 | 35 | 43 | 22 | 37 |
| 陶粒余磷再生率/% | — | -22 | 35 | 40 | 28 | 34 |

净水箱内溶液磷背景浓度变化如图 4.54 所示。可以看出，在停止进水后第 1 天，净水箱内磷浓度下降较快，在随后的时间里，净水箱内溶液磷浓度下降速度逐渐变缓。在再

生试验过程中，净水箱内溶液总磷浓度始终略高于活性磷浓度，由于进水中不存在有机磷，说明有机磷源于系统内部释放。在第1天、第5天和第10天，溶液中总磷和活性磷浓度差值稳定在0.9mg/L左右，而在第20天，扩大到1.13mg/L，在第40天，又缩小到0.32mg/L。死亡微生物和植物组织对有机磷的释放应该是在第20天溶液中总磷和活性磷浓度差值略有扩大的主要原因。在第40天，溶液中总磷和活性磷浓度差值缩小，其原因为死亡微生物和植物组织对磷的释放高峰期已过，系统内除磷效率大于系统对磷的释放效率，使溶液总磷和活性磷浓度重新出现减少趋势；期间，陶粒在温度降低后对活性磷吸附能力的增强应起重要作用。

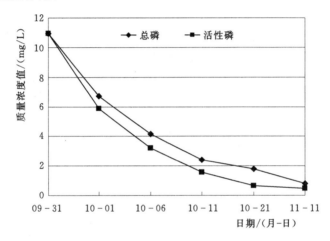

图4.54　净水箱内溶液磷背景浓度变化
Fig. 4.54　Concentration change of phosphor of
sewage in water purifying box

净水箱内陶粒磷含量变化如图4.55所示。可以看出在停止进水后第1天，净水箱内陶粒磷含量上升，再生率为-22%；在第1天~第5天间，净水箱内陶粒磷含量迅速下降，在第5天，再生率达到35%；在第5天~第10天间，净水箱内陶粒磷含量下降速度逐渐变缓，在第10天，再生率达到43%；在第10天~第20天，陶粒磷含量小幅度回升，在第20天，再生率为22%；在第20天~第40天，陶粒磷含量小幅度回落，在第40天，再生率为37%，但仍高于第10天的陶粒磷含量。

净水箱系统在静置期对其内部陶粒磷吸附能力有显著的原位生物再生效果，在第5天，再生率达到35%，第10天，再生率达到43%，但明显落后于对氨氮的原位生物再生效果。

通过对图4.53中水温变化曲线、图4.55中陶粒磷含量变化曲线和图4.54中溶液磷浓度变化曲线分析比较可以看出，陶粒磷含量同时受液相磷浓度和温度两个因素影响。一方面，液相与固相间磷浓度差控制着陶粒磷的解析强度，陶粒磷含量随液相磷浓度下降而降低；另一方面，随着液相温度逐步降低，陶粒对磷吸附强度增加，陶粒磷含量随液相温度下降而升高。所以陶粒磷含量总体变化趋势表现出先快速下降，后缓慢下降，再缓慢上升的过程。以上分析同时也说明，在气温较高且植物生长旺盛的春夏季节，净水箱系统对

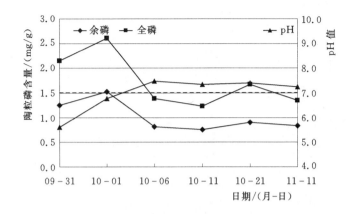

图 4.55　净水箱内陶粒磷含量和溶液 pH 变化

Fig. 4.55　Change of pH value and phosphor content of ceramsite
in water purifying box

其内陶粒磷吸附能力原位生物再生效果会更显著。

在停止进水后第 1 天，净水箱内陶粒磷含量上升，这源于在第 1 天，系统内溶液的磷浓度仍然较高，陶粒对磷的吸附大于解析，使陶粒磷含量有所增加；在第 20 天和第 40 天，陶粒磷含量高于第 10 天，一方面源于死亡微生物和植物组织对有机磷的释放，另一方面源于温度降低对陶粒对磷吸附能力的强化作用。在第 20 天至第 40 天，溶液中磷浓度和陶粒磷含量都有下降趋势，在此期间，植物对磷的吸收作用已完全停止，而微生物对磷的吸收与释放是同步的，对磷的去除基本没有作用，所以净水箱系统内应还存在其他的磷去除机制。无机磷与溶液中的 $Ca^{2+}$、$Mg^{2+}$、$Fe^{3+}$、$Al^{3+}$ 等离子及其水合物、氧化物反应，形成难溶性化合物，而这些难溶性化合物并未被陶粒吸附或沉淀于陶粒内部或表面，而是吸附或沉淀于棕纤维或植物根系等其他介质上。

从图 4.55 中可以看出，陶粒中余磷与全磷曲线变化趋势基本一致，表 4.21 中数据表明，陶粒中弱吸附磷含量占全磷含量比例基本稳定在 40% 左右，说明陶粒磷存在很大的再生潜力。

再生试验监测过程中陶粒磷含量都明显高于陶粒磷最大理论吸附量 0.809mg/g（见本书 3.1.6 节基质吸附等温线分析），监测过程中陶粒磷最高含量为 2.61mg/g，是陶粒磷最大理论吸附量 3.23 倍。Arias[213] 和 Dong[214] 认为基质对磷的理论饱和吸附量并不能准确反应其在人工湿地中的除磷能力；Reddy[215] 和 Cooke[216] 指出，在人工湿地系统中，基质的吸附除磷能力大于其理论饱和吸附量，与本书试验结果一致。

净水箱系统内陶粒实际磷吸附量大于最大理论吸附量有两个主要原因：①经过较长时间运行期后的系统内陶粒上覆盖有大量有机质，这些有机质的吸附和络合作用增强了陶粒对磷酸根离子的捕捉能力[217]；②吸附在陶粒表面的磷的非晶形沉淀会逐渐向晶形沉淀转变（图 4.56 新鲜陶粒和生物膜陶粒电镜扫描照片），这一过程会产生新的活性吸附位[209,210]，从而增强对磷的吸附能力。

**3. 陶粒表面形态观察**

图 4.56 为新鲜陶粒和生物膜陶粒的电镜扫描照片。从图中可见，新鲜陶粒表面是较

规整的片层结构，极少有杂物。右边是净水箱系统中11月份的陶粒表面形态，陶粒表面有明显的盐类沉淀，并具有一定晶形。

（a）　　　　　　　　　　　　　　　　（b）

图 4.56　新鲜陶粒和生物膜陶粒电镜扫描照片

（a）新鲜陶粒；（b）11 月份陶粒

Fig. 4.56　Surface of virgin ceramsite and ceramsite at November

## 4.7　本章小结

**1. 净水箱中生物生长状况监测**

（1）植物生长状况描述。植物垫上部分生长特征参数监测表明，在种植李氏禾、三棱草和芦苇三种植物的 4 号箱中，6 月初，三种植物的优势顺序由高到低分别为李氏禾、三棱草和芦苇；在 7 月底，三种植物的优势顺序由高到低分别为芦苇、李氏禾和三棱草，三种植物在株高、分蘖速度和生长速度的差异及其形成的互补作用，使 4 号箱中植物的总生长量长时间保持在高水平。

（2）微生物生长状况描述。在夏季，植物根系上的硝酸细菌和亚硝酸细菌数量都明显高于植物生长床内棕丝；而在秋季，恰好相反，植物根系上的硝酸细菌和亚硝酸细菌数量都明显少于植物生长床内棕丝，说明硝化细菌数量受植物的活性影响较大，而植物的活性的降低会减少根际分泌物和向根际输氧量，间接影响植物根系表面硝化细菌数量。

通过夏季与秋季硝酸细菌数量的比较可以看出，秋季植物根系和陶粒上的硝酸细菌数量都比夏季锐减，减少了一个数量级，说明硝酸细菌数量受温度影响较大。而棕丝上硝酸细菌数量减少幅度明显比植物根系和陶粒要小，这应与植物生长床内水中 $D_0$ 值高有关。

通过夏季与秋季亚硝酸细菌数量的比较可以看出，除了植物根系上亚硝酸细菌数量比夏季略少外，棕丝和陶粒上的亚硝酸细菌数量都比夏季有较大增加，说明至少在夏秋季节，亚硝酸细菌对温度是不敏感的。

通过对硝酸细菌与亚硝酸细菌数量比较可以看出，在净水箱内微生物载体上硝酸细菌数量高出亚硝酸细菌数量 3～5 个数量级。

陶粒表面电镜扫描观察可以看出，陶粒表面藻类数量较少，且多为硅藻，硅藻中又以舟形藻占多数。本次试验进水中铜会对藻类生长产生周期性的强烈抑制作用，所以试验期间净水箱内藻类数量较少，藻类对污染物的去除因素可不予考虑。

**2. 污水处理过程中污水基本理化指标分析**

（1）污水处理过程中 pH 变化情况。在单个试验周期内 pH 值变化规律显著。在行水期，出水 pH 值随时间依次降低，净水箱在行水期的 pH 调节能力随时间逐渐减弱；在静置期，箱内存水 pH 值随时间依次升高，并在第 5 天基本稳定，水体 pH 处在中性略偏碱的范围内。说明净水箱对进水 pH 值有明显的缓冲和调节作用。

在单个试验周期内 pH 值受水生植物种类的影响，但影响不大；四层净水箱组合试验中，出水 pH 值逐层增高效果显著，并在第 4 层出水 pH 达到 7.5 左右的稳定状态；在夏季净水箱对系统内污水 pH 值的提高作用要大于秋季，这种优势在静置期表现更加明显。

（2）污水处理过程中 $D_o$ 变化情况。不同植物组合对氧的输送能力由强到弱顺序为：芦苇＋李氏禾＞芦苇＋三棱草＋李氏禾＞三棱草＋李氏禾＞李氏禾。有芦苇的植物组合对氧有更好的输送能力，高出只种植李氏禾的净水箱近 10%。

在多层净水箱组合试验中，$D_o$ 值略有逐层增加趋势，说明在净水箱设计中，采用跌水曝气、基质浅层化和用植物生长床代替土壤层增加大气复氧等多重措施来增加水中溶解氧效果显著。

夏秋两季试验中，秋季水中溶解氧总体高于夏季，其差异主要是由秋季水温低决定的。静置期净水箱内存水溶解氧在夏季有递增趋势，在秋季有递减趋势，其主要原因为夏秋季节大气复氧和植物输氧能力的差异。

**4. 污水处理过程中污染物浓度变化趋势**

（1）氮浓度变化趋势。在行水期，净水箱对氨氮有很好的去除效果，平均去除率为54%，但去除效果随运行时间而减弱，第 1 次和第 5 次出水氨氮去除率分别为 74% 和42%；在静置期，净水箱对蓄存污水的氨氮去除效果更为显著，在第 1 天平均去除率达到81%，且去除效果随静置期时间延长而增强，第 5 天对箱内存水氨氮去除率达到 92%。说明在本净水箱结构中采用的强化去除氨氮的多种设计是成功的。

对于硝态氮，在行水期，净水箱对其平均去除率为 67%，去除效果随运行时间有微弱的减弱趋势；在静置期，硝态氮浓度随静置时间延长而增加，第 1 天，平均去除率为78%，第 5 天对箱内存水硝态氮去除率减少至 54%。静置期硝态氮浓度的增加与净水箱内基质对前期吸附氨氮的释放有关。

（2）活性磷浓度变化趋势。在行水期，净水箱对其平均去除率为 44%，去除效果随运行时间而减弱，第 1 次和第 5 次出水活性磷去除率分别为 57% 和 35%；在静置期，活性磷浓度随静置时间延长而增加，第 1 天，平均去除率为 69%，第 5 天对箱内存水活性磷去除率增加至 76%。净水箱系统对活性磷有较好的去除效果，说明在选择 Al、Fe 和 Ca、Mg 含量都相对丰富的多孔基质是正确的。

在行水期，活性磷去除率与 pH 值显著负线性相关，相关系数为 $-0.789**$（$p=$

$0.000 < 0.01$，$n = 25$）；在静置期，负线性相关程度有所降低，相关系数为 $-0.365$（$p = 0.073$，$n = 25$）。活性磷去除率与硝态氮去除率在行水期和静置期都表现为显著负线性相关。活性磷去除率与氨氮去除率在行水期显著正线性相关，在静置期正线性相关，但不显著，这应与陶粒吸附氨氮释放对氨氮去除率的直接干扰有关。

（3）铜和锌浓度变化趋势。三个试验中进水铜的浓度为 $3.24 \sim 6.14 \mathrm{mg/L}$，进水锌的浓度为 $16.25 \sim 26.78 \mathrm{mg/L}$。在行水期，净水箱对铜有很好的去除效果，平均去除率为 $64\%$，去除效果随运行时间而减弱，第 1 次和第 5 次出水铜去除率分别为 $74\%$ 和 $48\%$。在行水期，净水箱对锌也有很好的去除效果，平均去除率为 $90\%$，去除效果随运行时间有微弱的减弱趋势，第 1 次和第 5 次出水铜去除率分别为 $95\%$ 和 $88\%$。

**5. 不同植物组合对去除率的影响**

（1）对氮去除率的影响。不同植物组合间氨氮的浓度变化过程存在明显而稳定的差异，在行水期和静置期，去除率最高值与最低值间差值分别为 $14\%$ 和 $6\%$。无论是行水期还是静置期，4 号箱（芦苇＋三棱草＋李氏禾）和 2 号箱（芦苇＋李氏禾）对氨氮去除率都要优于 3 号箱（李氏禾）和 1 号箱（三棱草＋李氏禾），说明有芦苇的植物组合对氨氮去除效果更优。不同植物组合向水中输氧能力的差异是导致不同箱体对氨氮去除效果差异的主要原因。

硝态氮去除率与 $D_O$ 值显著负线性相关，与氨氮去除率和 $D_O$ 值间的相关性相反，这主要是由污水中溶解氧浓度和氨氮去除率两方面共同作用的结果。

（2）对活性磷去除率的影响。不同植物组合间活性磷的浓度变化过程存在明显而稳定的差异，在行水期和静置期，去除率最高值与最低值间差值分别为 $10\%$ 和 $4\%$。1 号箱（三棱草＋李氏禾）和 4 号箱（三棱草＋李氏禾＋芦苇）表现最佳，1 号箱明显优于其在氮去除中的表现；而 3 号箱（李氏禾）在磷和氮的去除中始终表现很差。不同植物组合间的除磷差异应与植物生长量有直接关系，同时三棱草对活性磷的去除效果略优于芦苇。

（3）对铜和锌去除率的影响。在行水期，不同箱体铜去除率由高到低顺序：4 号箱（三棱草＋李氏禾＋芦苇）＞1 号箱（三棱草＋李氏禾）＞2 号箱（李氏禾＋芦苇）＞3 号箱（李氏禾），去除率分别为 $71\%$、$66\%$、$63\%$、$62\%$，最高值与最低值间相差 $9\%$，说明三棱草对 Cu 的去除效果应略优于芦苇。不同箱体对锌去除率基本上没有差别。

**6. 不同进水浓度对去除率的影响**

（1）对氮去除率的影响。对于氨氮，在行水期，净水箱对低、中、高三种进水浓度氨氮去除率分别为 $57\%$、$52\%$ 和 $59\%$，净水箱对三种浓度进水中氨氮的去除率都很高且接近，说明其去除率对进水浓度的依赖性不高；在静置期，去除率分别为 $79\%$、$94\%$ 和 $92\%$。

对于硝态氮，在行水期，净水箱对低、中、高三种进水浓度硝态氮去除率分别为 $46\%$、$60\%$ 和 $66\%$，硝态氮去除率随进水浓度增高而增高；在静置期，去除率分别为 $28\%$、$80\%$ 和 $56\%$。高浓度进水试验中硝态氮去除率不理想，这应与陶粒在行水期吸附的大量氨氮在静置期解析，以及进水中 $SO_4^{2-}$ 和磷酸根离子浓度相对于中、低浓度硝态氮进水试验锐增有关。

（2）对活性磷去除率的影响。在行水期，净水箱对低、中、高三种浓度进水中活性磷的去除率分别为 29%、41% 和 55%，去除率随进水活性磷浓度增加而提高；在静置期，对应去除率分别为 63%、81% 和 80%。高浓度进水试验中活性磷去除率不理想，这应与陶粒在行水期吸附的大量活性磷在静置期解析，以及进水中 $SO_4^{2-}$ 和 $NO_3^-$ 等无机阴离子浓度相对于中、低浓度活性磷进水试验增加有关。

(3) 对铜和锌去除率的影响。净水箱中低、中、高三种浓度进水中的铜浓度分别为 0.18mg/L、3.19mg/L、6.14mg/L。在行水期，对三种浓度进水中铜的去除率分别为 51%、68% 和 74%。由于低浓度溶液条件下陶粒对 Cu 的高解析比，导致净水箱对低浓度进水中 Cu 的去除率较低且不稳定。

低、中、高三种浓度进水中的锌浓度分别为 1.65mg/L、14.32mg/L、26.78mg/L，在行水期，对三种浓度进水中锌的去除率分别为 43%、89% 和 95%。由于 Cu 和 Zn 在离子活性、电子价层、离子大小、络合物稳定性等方面的相似性，所以在不同进水浓度试验中表现出相似的去除规律。

**7. 不同水力停留时间对去除率的影响**

(1) 对氮去除率的影响。对于氨氮，在行水期，不同水力停留时间去除率分别为 38%（$HRT=30min$）、52%（$HRT=3h$）、60%（$HRT=6h$），氨氮去除率随水力停留时间延长而增高。

对于硝态氮，在行水期，不同水力停留时间去除率分别为 71%（$HRT=30min$）、60%（$HRT=3h$）、53%（$HRT=6h$），硝态氮去除率随水力停留时间延长而减少，这应与对应的氨氮去除率随水力停留时间延长而增高有关，较高的氨氮去除率会造成硝态氮的积累，从而降低硝态氮去除率。

(2) 对活性磷去除率的影响。在行水期，净水箱对进水活性磷不同 $HRT$ 下的去除率分别为 35%（$HRT=30min$）、41%（$HRT=3h$）和 46%（$HRT=6h$），活性磷去除率随水力停留时间的延长而增高。

(3) 对铜和锌去除率的影响。进水中的铜浓度为 3.19～3.25mg/L。在行水期，净水箱对进水中铜的去除率分别为 42%（$HRT=30min$）、68%（$HRT=3h$）、72%（$HRT=6h$），铜去除率随水力停留时间的延长而增高。

净水箱进水中的锌浓度为 14.32～17.60mg/L。在行水期，净水箱对进水中锌的去除率分别为 88%（$HRT=30min$）、89%（$HRT=3h$）、91%（$HRT=6h$），锌去除率随水力停留时间的延长而增高。

**8. 不同净水箱组合数对去除率的影响**

(1) 对氮去除率的影响。在行水期，净水箱由高到低逐层氨氮的累计去除率分别为 48%、66%、79%、88%；硝态氮的逐层累计去除率分别为 51%、62%、74%、84%。随净水箱层数的增加，系统对氨氮和硝态氮的累计去除率以抛物线形式递增，第 1 层去除效果最显著，对氨氮和硝态氮的去除率分别占四层总去除率的 55% 和 61%。

本次试验的第一层净水箱去除率（氨氮去除率 48%，硝态氮去除率 51%）要低于之前相同条件下单层试验的去除率（氨氮去除率 52%，硝态氮去除率 60%），这主要是受多层组合试验中先行 6 个净水箱容量的污水量（300L）的影响，同时也说明在实际应用中，多层净水箱组合对氮的去除效果会更加理想。

（2）对活性磷去除率的影响。在行水期，净水箱对进水中活性磷由高到低逐层累计去除率分别为33％、46％、59％、66％。随净水箱层数的增加，系统对磷的累计去除率以抛物线形式递增，第1层去除效果最显著，对活性磷的去除率占四层总去除率的50％。

本次多层净水箱组合试验的第一层净水箱去除率与之前相同条件下单层净水箱试验的去除率相比略差（去除率分别为33％和41％），这主要是受多层组合试验中先行6个净水箱容量的污水量（300L）的影响。

（3）对铜和锌去除率的影响。在行水期，净水箱由高到低逐层铜的累计去除率分别为59％、87％、91％、94％；锌的逐层累计去除率分别为85％、89％、95％、98％。可以看出随净水箱层数增加，净水箱对Cu和Zn的累计去除率以抛物线形式递增，第1层去除效果最显著，对铜和锌的去除率分别占四层总去除率的74％和86％。

本次试验的第一层净水箱去除率（铜去除率59％，锌去除率85％）要低于之前相同条件下试验的去除率（铜去除率68％，锌去除率89％），这主要是受多层组合试验中先行6个净水箱容量的污水量（300L）的影响。

**9. 不同植物生长期对去除率的影响**

（1）对氮去除率的影响。在行水期，不同植物生长期四层净水箱氨氮累计去除率分别为87.5％（夏季）和88.1％（秋季）；在静置期，以第四层箱内存水浓度计算去除率，氨氮去除率分别为87％（夏季）和85％（秋季）。净水箱对氨氮的去除效果在夏秋两季都很良好，差别并不显著。净水箱在秋季对氨氮去除能力增强主要原因：一是陶粒在低温下对氨氮吸附能力增强；二是温度降低后，水中溶解氧含量明显增加，强化了硝化反应。

在行水期，不同植物生长期四层净水箱硝态氮累计去除率分别为84％（夏季）和75％（秋季）；在静置期，以第四层箱内存水浓度计算去除率，硝态氮去除率分别为92％（夏季）和95％（秋季）。由于采用了棕纤维作为净水箱内持久稳定的有机碳源来强化反硝化作用，净水箱在秋季对硝态氮去除效果未有大幅度降低，去除效果良好。

（2）对活性磷去除率的影响。在行水期，不同植物生长期四层净水箱活性磷累计去除率分别为66％（夏季）和79％（秋季）。在静置期，以第四层箱内存水浓度计算去除率，分别为55％（夏季）和76％（秋季）。净水箱对活性磷的去除效果在秋季明显优于夏季，说明为加强秋冬季节净水箱对活性磷去除效果，而选用陶粒作为滤料的方案是成功的。

（3）对铜和锌去除率的影响。在行水期，不同植物生长期四层净水箱Cu累计去除率分别为94％（夏季）和89％（秋季）；Zn累计去除率分别为98％（夏季）和93％（秋季）。可以看出在行水期净水箱对Cu和Zn的去除效果在夏季略优于秋季。

**10. 陶粒再生研究**

（1）对氨氮吸附能力再生。净水箱系统在静置期对其内部陶粒氨氮吸附能力有显著的原位生物再生效果，在第1天，再生率达到66％，第5天，再生率达到74％。陶粒氨氮含量同时受液相氨氮浓度和温度两个因素影响：一方面，液相与固相间氨氮浓度差控制着陶粒内氨氮的解析强度，陶粒氨氮含量随液相氨氮浓度下降而降低；另一方面，随着液相温度逐步降低，陶粒对氨氮吸附强度增加，陶粒氨氮含量随液相温度下降而升高。

再生试验监测过程中陶粒氨氮含量基本上都高于陶粒氨氮最大理论吸附量0.256mg/g，监测过程中陶粒氨氮最高含量为0.99mg/g，是陶粒氨氮最大理论吸附量3.87倍。

（2）对活性磷吸附能力再生。净水箱系统在静置期对其内部陶粒磷吸附能力有显著的原位生物再生效果，在第 5 天，再生率达到 35％，第 10 天，再生率达到 43％，但明显落后于对氨氮的原位生物再生效果。陶粒磷含量同时受液相磷浓度和温度两个因素影响：一方面，液相与固相间磷浓度差控制着陶粒磷的解析强度，陶粒磷含量随液相磷浓度下降而降低；另一方面，随着液相温度逐步降低，陶粒对磷吸附强度增加，陶粒磷含量随液相温度下降而升高。

陶粒中弱吸附磷含量占全磷含量比例基本稳定在 40％左右，说明陶粒磷存在很大的再生潜力。再生试验监测过程中陶粒磷含量都明显高于陶粒磷最大理论吸附量 0.809mg/g，监测过程中陶粒磷最高含量为 2.61mg/g，是陶粒磷最大理论吸附量 3.23 倍。

# 第5章　净水箱护岸应用研究

## 5.1　净水箱护岸净化径流雨水实例

### 5.1.1　材料与方法

#### 1. 实例地点背景资料

实例地点选为北京市京密引水渠（昆玉运河）位于中国水利水电科学研究院水环境所门前的一段护岸。护岸为复式结构，其顶部为 4.5m 宽沥青路面，与常水位高差约为 8m；草皮坡面坡度约为 35°，高度约为 5m，采用蜂窝型镂空砖固定土壤，并种植多年生黑麦草绿化（图 1.2）。

试验选用的雨水井位于中国水利水电科学研究院水环境所门前，断面为 100cm×15cm(长×宽)，深 70cm；汇流的雨水通过两个预埋 $\phi$15mm 管线穿过沥青路面后直接排入北京京密引水渠，试验用雨水井汇流面积统计表见表 5.1。

表 5.1　　　　　　　　　　　试验用雨水井汇流面积统计表

Tab. 5.1　　　　　　Confluence area statistic of rain water well used in test

| 下 垫 面 类 型 | 汇 流 面 积/m² | 总 汇 流 面 积/m² |
|---|---|---|
| 屋面 | 328 | |
| 路面 | 392 | |
| 绿地 | 527 | 1418 |
| 硬化地面 | 171 | |

#### 2. 实例应用设计和实施

试验装置为四层净水箱组合结构。将雨水井汇流的雨水收集入蓄水罐后，通过自然落差对净水箱试验装置布水，初期径流量控制由人工操作实现。

试验选用的降雨为 2007 年 9 月 13 日的中雨，累计降雨量为 12mm；由于在本次降雨前的一个月时间里，北京并未有形成地表径流的有效降雨，且北京地区大气降尘严重，本次污染物负荷必定很高，所以在本次试验中将前期降雨的 10mm 降雨量计为初期径流进行收集，该部分降雨量在开始降雨后 2.5h 内完成。

为检验本结构在水力负荷最高的最不利情况下净水效果，本次试验单层净水箱的水力停留时间（HRT）设定为 30min。四层组合装置的有效容积为 200L，水力停留时间（HRT）累计仅为 2h。

单个净水箱的有效容积约为 50L，为使净水箱出水水质不受原存水影响，将进水总量设定为 500L，通过先行的 300L 进水将四层净水箱内原存水排空，再在后续的 200L 进水过程中，每隔 30min 分别取各层净水箱溢流孔出水进行取样检测，即有 5 组逐层出水检测数据；为增强进水水质稳定性，在储水罐内通过泵压水流对罐内雨水进行搅动。为便于与本书第 4 章中试验研究结果进行比较，将降雨间期定为 5d，在走水后的连续 5d 中，每天取第 4 层净水箱内的蓄存污水进行检测，取样时间为 16：00；并在对静置期净水箱内存水取样之后，补水至溢流水位。

**3. 检测指标及方法**

（1）增加检测项目为浊度、SS 和大肠杆菌数，其他检测指标及方法与 4.1.5 节相同，检测指标及方法见表 5.2。

表 5.2　　　　　　　　　　　**检 测 指 标 及 方 法**

Tab. 5.2　　　　　　　**Measurement items and equipments**

| 检 测 指 标 | 检 测 方 法 | 生产厂家 |
| --- | --- | --- |
| 水温、pH、$D_0$、浊度 | HACH hydrolab 多参数水质监测仪 | 美国哈希公司 |
| COD、氨氮、硝态氮、总磷、活性磷、Cu、Zn | HACH DR5000U 紫外可见分光光度计 | 美国哈希公司 |
| 环境温湿度 | WSL-3 型温湿度记录仪 | 北京凯维丰科技公司 |
| 相对水位 | 水位尺 | 自制 |
| 大肠杆菌数 | 大肠菌群测试片 | 广州新原生物技术公司 |
| SS | 重量法 | |

（2）大肠杆菌数计数方法说明。雨水中大肠杆菌的测定采用广州新原生物技术有限公司研制的大肠菌群测试片，具体步骤如下：

1）取样品。取 25mL 的雨水原液放入含有 225mL 无菌水的玻璃瓶内，经充分振摇做成 1：10 的稀释液，用 1mL 灭菌吸管吸取 1：10 稀释液 1mL，注入含有 9mL 灭菌水的试管内，用 1mL 灭菌吸管反复吸吹做成 1：100 的稀释液。以此类推，每次换一支吸管。

2）将大的检验平板水平放台面上，揭开上面的透明薄膜，用灭菌吸管吸取样品原液或稀释液 1mL，均匀加到中央的圆圈内，再轻轻将上盖膜放下，静置 5min。

3）从中间向周围轻轻推刮，使水分在圆圈内均匀分布，并将气泡赶走。

4）将加了样的检测平板放入自封袋中，平放在 37℃培养箱内培养 15～24h。

5）对培养后的平板进行计数，在培养基上显红色斑点周围有黄晕并且有气泡，为大肠菌群阳性菌落。如同时做 3 个稀释度，则选择最高稀释度平板进行计数（有阳性菌落），然后乘以稀释倍数即为样品中每毫升雨水中含有大肠菌群数。

## 5.1.2　结果与讨论

**1. 对径流雨水污染物总去除效果分析**

表 5.3 和表 5.4 分别为试验装置在行水期和静置期对径流雨水污染物总去除效果。从表 5.3 可以看出，汇流并进入试验装置的雨水污染物浓度很高。这是由于在本次降雨前的一个月时间里，北京并未有形成地表径流的有效降雨，李立青等[218]对武汉市 2 次降雨间隔时间与初期降雨径流污染负荷的监测结果表明，两者显著正相关（$p < 0.01$）。本次初期径流雨水污染物浓度应已达到或接近北京市区该数据上限，其中，总磷浓度过高可能与毗邻的公园草坪施肥维护和雨水井沉积物有关。如此高浓度的雨水径流直接排入城市水系必然会对城市水体水质产生冲击性影响。

表 5.3 试验装置在行水期间的进水浓度、出水浓度及去除率

Tab. 5.3 Concentrations and removal ratios of pollutions
in runoff water passing device tested

| 项目 | $COD_{cr}$ /(mg/L) | $NH_3-N$ /(mg/L) | $NO_3^--N$ /(mg/L) | 总磷 /(mg/L) | 活性磷 /(mg/L) | Cu /(mg/L) | Zn /(mg/L) | SS /(mg/L) | 总大肠杆菌菌数 /(个/mL) |
|---|---|---|---|---|---|---|---|---|---|
| 进水浓度 | 1545.00 | 16.35 | 13.90 | 53.73 | 18.51 | 0.34 | 0.46 | 642.00 | $4.5×10^4$ |
| 出水浓度 | 862.20 | 9.84 | 6.76 | 23.45 | 3.94 | 0.11 | 0.09 | 195.20 | $2.1×10^3$ |
| 去除率/% | 44 | 40 | 51 | 56 | 79 | 69 | 80 | 70 | 95 |

表 5.4 试验装置在静置期储存雨水浓度变化及去除率

Tab. 5.4 Concentrations and removal ratios of pollutions of runoff water
stored in device tested

| 项　　目 | $COD_{cr}$ | $NH_3-N$ | $NO_3^--N$ | 总磷 | 活性磷 |
|---|---|---|---|---|---|
| 初始浓度/(mg/L) | 878.00 | 9.90 | 9.70 | 10.74 | 4.91 |
| 5d 后浓度/(mg/L) | 341.00 | 1.56 | 1.60 | 8.75 | 4.44 |
| 去除率/% | 61 | 84 | 84 | 24 | 10 |
| 累计去除率/% | 78 | 90 | 88 | 84 | 76 |

表 5.3 数据中出水浓度为 5 次取水均值，监测结果表明，尽管累计水力停留时间仅为 2h，装置对初期径流污水仍有很好的去除效果，系统对所有监测污染物去除率都在 40% 以上。

表 5.4 表明虽然截留后的雨水仅在净水箱中停留 5d，但有机物和氨氮的去除率都在 60% 以上，去除效果显著；所有监测污染物相对进水浓度而言的累计去除率都在 75% 以上，说明净水箱作为拦水塘来使用的效果更佳。事实上，如净水箱数设计合理，对于大多数降雨事件，50%~70% 的初期径流雨水将储存在净水箱内。

**2. 对径流雨水中悬浮物去除效果分析**

图 5.1 为四层净水箱组合试验径流雨水中 SS 和浊度变化，图 5.2 为对应的行水期层间变化。可以看出，在行水期，SS 和浊度值都随净水箱层数增加而减少，随运行时间延长，系统对 SS 去除效果有增加趋势，而浊度略有减少趋势。SS 去除效果随运行时间延长有增加趋势有两个主要原因：①随运行时间延长，雨水中悬浮物有逐渐絮凝成大颗粒的趋势，这一现象在出水水样中用肉眼也可以明显观察到，悬浮物颗粒变大必然会导致去除效果增强；②随运行时间延长，被基质截留的悬浮物会造成基质中渗滤行程最短的主渗滤通道在一定程度上的淤堵，从而使雨水在基质中渗滤行程增加，导致 SS 去除效果增强。同时也说明，为了保证净水箱护岸系统长期有效运行，应对进入系统前的暴雨径流进行沉淀预处理，去除大粒径的颗粒物，以避免堵塞系统基质。

在行水期，四层净水箱对 SS 的累计去除率为 70%，而其中第一层的去除率为 51%，占四层总去除率的 74%。在行水期，四层净水箱使雨水浊度累计下降 69%，在静置期的第 1 天，第 4 层净水箱内雨水浊度累计下降 90%。

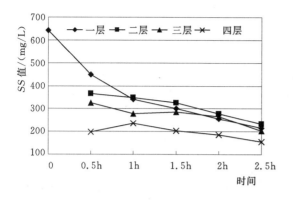
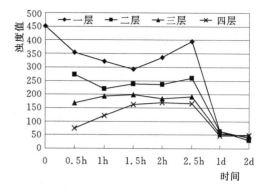

图 5.1　径流雨水中 SS 和浊度变化

Fig. 5.1　Change of SS and turbidity in runoff water

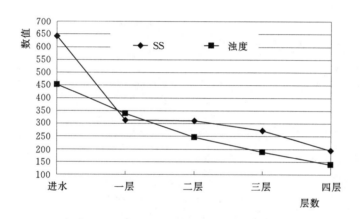

图 5.2　径流雨水中 SS 和浊度逐层变化

Fig. 5.2　Change of SS and turbidity in runoff water with different layers

在图 5.1 中，SS 值存在层间曲线交叉现象，且在图 5.2 中 SS 值逐层变化也不明显，这是由于单位体积污水在层间流动的时间差决定的。事实上，如果从底层净水箱向上逐层减去一个 HRT 来比较对应的 SS 值，SS 值逐层变化是非常显著的。

**2. 径流雨水中 pH 变化分析**

图 5.3 为四层净水箱组合试验径流雨水中 pH 变化，可以看出，径流雨水中 PH 逐层增加，净水箱系统对径流雨水 pH 有显著的调节能力。

**3. 对径流雨水中有机物去除效果分析**

图 5.4 为四层净水箱组合试验径流雨水中有机物浓度变化，可以看出，在行水期，随运行时间延长系统对有机物去除效果有增加趋势，与 SS 变化趋势一致，说明颗粒性有机物占雨水中有机物含量比例较大。

在行水期，四层净水箱对 COD 的累计去除率为 44%，而其中第一层的去除率为 38%，占四层总去除率的 86%。

**4. 对径流雨水中氮去除效果分析**

图 5.5 为四层净水箱组合试验径流雨水中氮浓度变化，图 5.6 为对应的行水期层间变

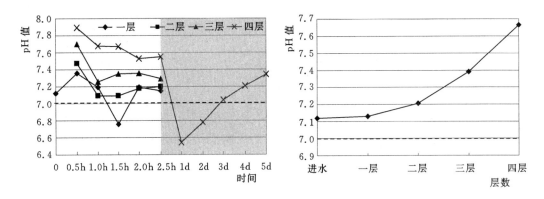

图 5.3  径流雨水中 pH 变化

Fig. 5.3  Change of pH in runoff water

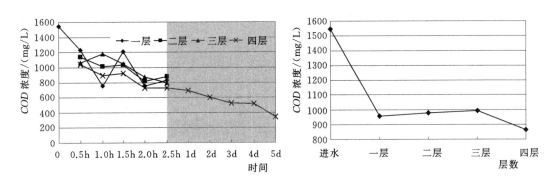

图 5.4  径流雨水中 COD 浓度变化

Fig. 5.4  Concentration change of COD in runoff water

化。可以看出，在行水期，硝态氮浓度逐层下降显著，而氨氮浓度基本维持在 10mg/L 左右，并没有下降趋势。这应源于氨化细菌对雨水中有机氮的氨化作用，通常，氨化速度大于硝化速度，所以系统内氨氮可持续得到补充。

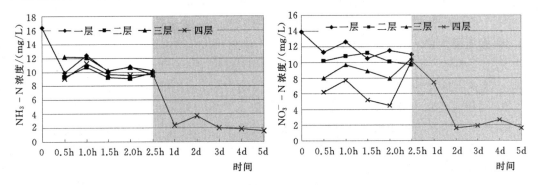

图 5.5  径流雨水中氮浓度变化

Fig. 5.5  Concentration change of nitrogen in runoff water

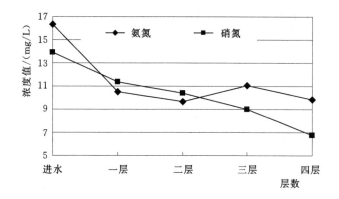

图 5.6 径流雨水中氮浓度逐层变化

Fig. 5.6 Change of nitrogen in runoff water with different layers

**5. 对径流雨水中磷去除效果分析**

图 5.7 为四层净水箱组合试验径流雨水中磷浓度变化，图 5.8 为对应的行水期层间变化。可以看出，在行水期，随运行时间延长系统对总磷去除效果有明显增加趋势，与 SS 变化趋势一致，说明颗粒性有机磷占雨水中总磷比例较大。

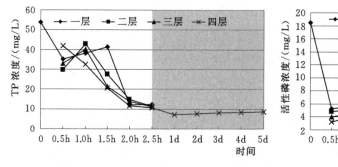
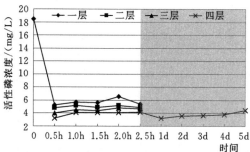

图 5.7 径流雨水中磷浓度变化

Fig. 5.7 Concentration change of phosphorus in runoff water

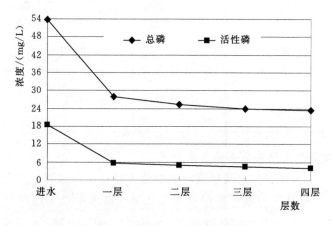

图 5.8 径流雨水中磷浓度逐层变化

Fig. 5.8 Change of phosphorus in runoff water with different layers

在行水期，四层净水箱对 TP 的累计去除率为 56%，而其中第一层的去除率为 48%，占四层总去除率的 85%；四层净水箱对活性磷的累计去除率为 79%，而其中第一层的去除率为 69%，占四层总去除率的 88%。

**6. 对径流雨水中铜和锌去除效果分析**

图 5.9 为四层净水箱组合试验径流雨水中铜和锌浓度变化，图 5.10 为对应的行水期层间变化。在行水期，取前 5 次出水均值计算氮去除率进行比较，逐层净水箱铜累计去除率分别为 52%、59%、66% 和 67%，第一层净水箱去除率占四层累计去除率 77%；逐层净水箱锌累计去除率分别为 36%、50%、61% 和 76%，第一层净水箱去除率占四层累计去除率 61%。

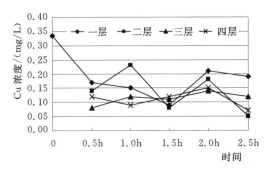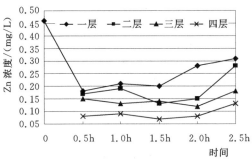

图 5.9　径流雨水中铜和锌浓度变化

Fig. 5.9　Concentration change of Cu and Zn in runoff water

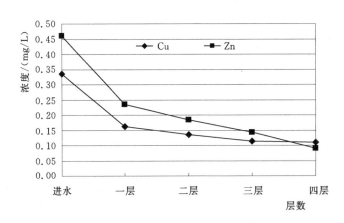

图 5.10　径流雨水中铜和锌浓度逐层变化

Fig. 5.10　Change of Cu and Zn in runoff water with different layers

**7. 对径流雨水中总大肠杆菌去除效果分析**

图 5.11 为四层净水箱组合试验径流雨水中总大肠杆菌菌数逐层变化，可以看出净水箱系统对雨水中总大肠杆菌有很好的拦截去除效果。进水中总大肠杆菌菌数为 $4.5 \times 10^4$ 个/mL，第 4 层出水中总大肠杆菌菌数为 $2.1 \times 10^3$ 个/mL，4 层累计去除率为 95%，第 1 层出水中总大肠杆菌菌数为 $8 \times 10^3$ 个/mL，去除率为 82%，占四层累计去除率的 86%。

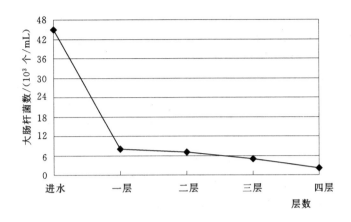

图 5.11　径流雨水中大肠杆菌菌数逐层变化

Fig. 5.11　Change in value of colibacillus in rainoff water with different layers

## 5.2　生态效果和景观效果分析

### 5.2.1　生态效果分析

在进行净水箱组合试验期间，对净水箱的生态效果进行了简要监测。

**1. 监测方法**

以北京地区野外草本植物群落中常见的蜘蛛和蜗牛为指示物种（indicator species）进行监测，不进行种属鉴定和区分。蜘蛛需要织网捕食，并伺伏于蛛网中央或边缘，而蜗牛行动迟缓，因此很容易对两个指示物种进行准确计数。同时，蜘蛛以蚊娥等飞行昆虫为食，而蜗牛则以潮湿环境中的植物叶片为食，其数量可在一定程度上反应净水箱系统作为小型生物栖息地的质量和效能。监测期为 2007 年 8—9 月，监测期间，每隔 10d 对四层净水箱组合装置中出现的指示物种进行数量记录。

**2. 结果与讨论**

监测期间，蜘蛛多在净水箱内角处或箱壁与植株间结网，蜗牛则出现于净水箱箱壁和植物叶片上，还经常看到壁虎出没于箱体缝隙。指示物种出现频率监测结果见表 5.5，数量较多的蜘蛛和蜗牛，说明四层净水箱组合装置内有层次的茂密植物群落和相对潮湿温暖的环境，对提高小型生物栖息地质量方面起到积极地促进作用。

表 5.5　　　　　　　　　　　标志物种出现频率统计表

Tab. 5.5　　　　　　**Appearance frequency statistic of indicator species**

| 监测日期/(月-日) | 08-10 | 08-20 | 08-30 | 09-09 | 09-19 | 09-29 |
|---|---|---|---|---|---|---|
| 蜘蛛/只 | 2 | 4 | 4 | 6 | 6 | 5 |
| 蜗牛/只 | 4 | 8 | 12 | 10 | 10 | 11 |

在 2007 年 6 月，在净水箱试验装置内的植物群落曾出现蝶娥幼虫数量短时间内剧增的现象，装置的每个隔室单元内植物叶片上的幼虫数量高达 16 只，对叶片啃食损伤严重，后经喷药处理使虫害得到控制。这种虫害爆发现象在略远离于人类办公、居住场所的市区

环境通常是不会出现的，因为栖息于城市内的鸟类等食虫类动物会对蝶娥幼虫数量起到控制作用。同时，蝶娥幼虫大量出现也是净水箱系统作为高质量小型生态系统的一个标志。

对原草皮护坡生态效果进行了简要对比监测。在六角镂空砖内镂空部分生长的植物以最初种植的多年生黑麦草为主，并间有乡土种杂草夹杂，护坡植物覆盖度为 45%（覆盖度检测方法为针刺法），黑麦草株高为 32cm。由于植物覆盖度较低，所以存在大比例的土壤在长时间里呈干燥状态的裸露现象，因此，除蚂蚁和偶尔飞过的蝶娥外，鲜见其他生物存在（见 1.5.2 节图 1.2）。

相比之下，净水箱护岸可明显提高岸坡小型生物栖息地质量和效能。同时，本净水护岸方案在水下为鱼巢砌块支撑，可实现水面上下生境的连续性，相比原护岸在水面和草皮护坡间设置 2~3m 高的陡直光面挡墙而言，无疑有更好的生态效果。

当单延米净水箱护岸创造的高质量小型生物栖息地沿城市水体护岸延伸至一定规模时，则会为鸟类、两栖类和爬行类动物提供良好的栖息环境和食物来源，实现城市局部生态环境从量变到质变的的改善效果。

### 5.2.2　景观效果分析

四层净水箱组合装置中植物在夏季生长茂盛，整个植物群落连成一片，将净水箱组合装置完全遮蔽；同时，由于存在箱体层间高差，因而表现出植物群落在空间上的错落有致。秋季，三棱草和芦苇的花穗随风摇曳，时有蝴蝶驻足；即使在秋末植物已全部枯黄，芦苇坚挺的茎叶仍不失美感。

试验期间，对蚊虫孳生情况进行了监测。监测表明，只在预留的取样槽中存在摇蚊幼虫，净水箱单个隔室的取样槽水面约为 0.3m²，在春夏季节，摇蚊幼虫数量为 31 尾/m²；在秋末，植物干枯导致取样槽水面开敞，摇蚊幼虫数量达到 74 尾/m²。但在净水箱的其他部分，由于没有自由水面，不存在摇蚊幼虫。以上监测说明，在净水箱设计过程中，采取的控制蚊虫孳生的措施是必要和有效的。

试验期间，对试验装置运行期间的异味释放情况进行了简单的感观监测。由于浅箱体设计和存在复氧水面，异味不能累计；同时，装置的运行方式为间歇式，所以在整个试验期间，不存在让人不悦的异味释放问题。

在净水箱护岸系统的实际运行中，由于箱内水面存在间期不等的周期性涨落，将更有利于对蚊虫疟生和异味释放问题的控制。

以上监测和分析表明，净水箱护岸系统在实际工程应用中，完全可以作为城市一景，成为市民休闲娱乐的好场所。

## 5.3　净水箱护岸的工程实施与稳定性分析

### 5.3.1　净水箱护岸的工程实施

典型净水箱护岸设计图如图 5.12 所示。设计要点如下：

（1）在开挖好的基坑底部做垫层，垫层材料宜选用砂砾，以加大混凝土底板与垫层间摩擦系数 $\mu$；将垫层面做成逆坡，以利用滑动面上的部分反力来抗滑。

（2）尽量将混凝土底板的前趾部分加长，以提高护岸结构整体的抗倾覆能力；可根据底部土质情况对混凝土底板进行适当配筋。

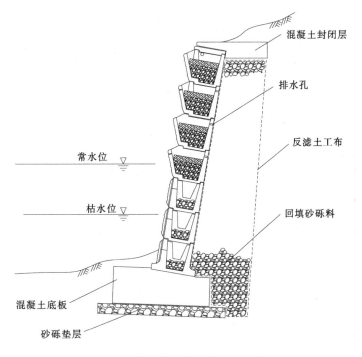

图 5.12　典型净水箱护岸施工示意图

Fig. 5.12　Construction sketch of typical water purifying box revetment

（3）将护岸砌块上下层间错室咬合，以增加护岸结构的整体稳定性；将护岸结构设定为仰斜式，以减小护岸结构背部土压力。

（4）在逐层吊装预制鱼巢砌块和净水箱砌块的同时，对砌块后面的开挖坑进行逐层回填夯实。回填土宜选用洁净、含泥量小的砂砾料[219]，选用此类内摩擦角 $\phi$ 较大的填土，可以使其对护岸结构产生的主动土压力相对较小，从而支持护岸结构的轻薄化；同时，洁净的砂砾料也利于排水。

（5）在回填土和护岸结构顶部设混凝土封闭层，以防雨水渗入护岸结构后部填土。雨水的渗入会使填土重度 $\gamma$ 增加，内摩擦角 $\phi$ 减小，导致填土对护岸结构的土压力增大。

（6）在护岸砌块后壁设排水孔。因为护岸后部积水会同时增加作用于护岸上的水压力和土压力，影响护岸结构的稳定性。排水孔直径过大会影响护岸砌块的整体强度，所以排水孔直径不宜超过 2cm；排水孔间距和数量可根据实际排水需要设置，通常情况下单个砌块设一个排水孔即可满足排水要求；在常水位以下的砌块不宜设排水孔，以防河水倒灌。

（7）在回填料周边设反滤土工布。反滤土工布的作用如下：一是防止渗水中土颗粒淤填净水箱砌块的排水孔和隔室；二是防止渗水中土颗粒淤填回填砂砾料内部孔隙，进而影响砂砾料排水和减小其内摩擦角；三是防止护岸结构周边土体中的小颗粒被渗水带着，影响周边土体稳定。

（8）因护岸结构靠自重保持稳定，所以高度不宜超过 5m。

## 5.3.2　净水箱护岸的稳定性分析

在净水箱护岸结构设计中，可将护岸结构简化为仰斜式重力挡土墙进行稳定性分析。

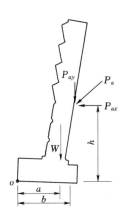

图 5.13 净水箱护岸的稳定性验算图

Fig. 5.13 Stability checking sketch of water purifying box revetment

其稳定性分析包括抗滑稳定验算、抗倾覆稳定验算和地基承载力验算[205]，当设计方案的验算结果不满足要求时，需要对原设计方案进行调整修正。净水箱护岸的稳定性验算图如图 5.13 所示。

**1. 抗滑稳定验算**

$$K_s = (W + P_{ay})\mu/P_{ax} \geqslant 1.3 \qquad (5.1)$$

式中　$K_s$——抗滑安全系数；

　　　$W$——墙体自重，kN；

　$P_{ax}$、$P_{ay}$——分别为主动土压力的水平分力和垂直分力，kN；

　　　$\mu$——基底摩擦系数。

**2. 抗倾覆稳定验算**

$$K_t = (Wa + P_{ay}b)/(P_{ax}h) \geqslant 1.5 \qquad (5.2)$$

式中　$K_t$——抗倾覆安全系数；

$a$、$b$、$h$——分别为 $W$、$P_{ax}$、$P_{ay}$ 对 $O$ 点力臂，m。

**3. 地基承载力验算**

$$(\sigma_{\max} + \sigma_{\min})/2 \leqslant 1.5f \qquad (5.3)$$

$$\sigma_{\max} \leqslant 1.2f$$

式中　$f$——地基承载力设计值，kPa；

　　$\sigma_{\max}$——土体中某点主平面上的最大主应力，kPa；

　　$\sigma_{\min}$——土体中某点主平面上的最小主应力，kPa。

## 5.4　净水箱护岸的运行与维护

### 5.4.1　植物护理

本书 3.5.2 节对净水箱系统的耐干旱试验表明，种植李氏禾、三棱草和芦苇的净水箱系统具有很好的耐干旱能力。通常在蒸发量较大的夏季，连续 20d 以上无形成径流的降雨事件发生时，为防止植物干枯，才需考虑对净水箱系统进行补水护理。补水操作可通过直接向蓄水池内泵入河水来完成。

本书 3.3 节水生植物的选择试验表明，以缺少养分的自然降雨和自来水为水源，且未添加任何肥料的情况下，李氏禾、三棱草和芦苇生长状况良好，表现出极强的速生耐瘠能力。预计汇入净水箱内的径流雨水或合流管线溢流污水氮磷含量很高，基质和植物根系在行水期截留的养分也可部分支持植物在静置期的生长，所以不需要考虑对净水箱系统内植物进行施肥维护。

如考虑在净水箱内选种黄花鸢尾等景观效果更好、而生命力弱于李氏禾、三棱草和芦苇的观赏植物，则补水施肥等维护措施需要另行考虑。

### 5.4.2　植物收割

当汛期来临前，为减少净水箱护岸系统内植物的茂盛枝叶对洪水的阻滞作用，必要时应对植物枝叶进行修剪，修剪部分不宜超过植物株高的 2/3，以防影响汛后植物枝叶的快速恢复。

在秋末，为防止雨水对干枯植物的冲淋作用使植物吸收的氮磷重新释放，需要对干枯植物进行收割处理，收割部分为生长床以上整个株体。为了强化植物吸收的除磷效果，也可在夏季增加一次收割，收割部分不宜超过植物株高的 2/3。

### 5.4.3　蓄水池清淤及净水箱防淤冲洗

在净水箱护岸系统使用中，应对蓄水池底部泥斗进行清理，以减少新降雨事件产生的初期径流对沉积污染物的冲刷，清理期间根据系统使用情况确定，预计一年一次应可满足要求。泥斗清理方式可以为人工，也可采用泵车抽提。

净水箱的防淤冲洗可直接用泵抽提河水来实施，将抽提河水冲入第一层净水箱的进水隔室，并在最底层净水箱的溢流孔外设多层纱布过滤网，大流量水流的冲刷作用可使绝大多数颗粒物被冲出系统，且被过滤网拦截。防淤冲洗频率视系统运行条件而定，预计 5 年一次应可满足要求。

## 5.5　净水箱护岸的适用范围与使用寿命

### 5.5.1　适用地域分析

影响净水箱护岸适用地域范围的主要考虑因素是冬季低温问题。在我国可形成较强冰冻作用的北方地区，一方面，低温产生的冰冻会影响净水箱系统的正常运行；另一方面，过低的温度可能将无土壤保温防护层的植物根系冻死。

对于冰冻影响净水箱系统的正常运行的问题，可视不同城镇的实际气温条件，通过在一定寒冷时期关闭净水箱系统来解决。

本书 3.5.2 节对净水箱系统的耐冻试验表明，至少在北京及其以南地区的市区环境，种植李氏禾、三棱草和芦苇的净水箱系统是可经受冬季考验的。对冬季温度低于北京市区的其他城镇，可考虑对植物采取额外保温防护措施。

### 5.5.2　适用河流护岸断面分析

当城市水体护岸的设计方案为大于 45°的陡坡时，既可采用净水箱护岸系统。对应坡度为 45°～75°和 75°～90°两种使用情况，可分别根据 2.4.1 节图 2.12 和图 2.13 所示的净水箱砌块组合方式来实施。

由本书 4.4.6、4.5.6、4.6.6 和 4.7.6 节净水箱不同组合层数在行水期对污染物去除效果分析可以看出，一方面，对污染物的去除能力随组合层数增加而提高，另一方面，第一层箱体对污染物的去除效果基本上占四层箱体总去除效果的 50% 以上。以上结论说明，一方面对于常水位以上陡坡的垂直空间而言，如果空间充裕，最好将净水箱砌块的组合层数设定在四层以上；另一方面，即使垂直空间有限，只在常水位以上安装一至两层净水箱砌块，也可达到较好的控制径流污染效果。

### 5.5.3　使用寿命分析

影响净水箱护岸去除径流污染物使用寿命的主要考虑因素为植物生长床中棕纤维的腐蚀问题和填充陶粒的吸附饱和问题。

由 3.2.2 节分析可以看出，棕纤维内木质素和纤维素的降解是同步进行的，由于木质素降解缓慢，保证了棕纤维内纤维素作为主要有机碳源的持久而稳定的释放，同时也保证了棕纤维长期作为植物生长载体的可能。棕纤维作为天然纤维中最耐腐蚀的材料之一，其在净水箱内的使用寿命应该在 6 年以上，并有可能超过 10 年。当棕纤维的彻底降解导致植物生长床失效时，需要对净水箱内生长床和其上生长的水生植物进行更新，对于植物生长床而言，只需更换内部填充的棕纤维，外部的土工格栅框架可重复使用。

本书 4.8.3 节分析表明，净水箱内陶粒对氨氮和磷吸附能力通过原位生物再生作用，可在静置期的第 5 天分别恢复到 74% 和 35%，在第 10 天分别恢复到 75% 和 43%。以上试验数据说明由于采用间歇式运行方式，净水箱系统通过原位生物再生作用，可有效降低陶粒对氮磷吸附能力衰减速度。且在多层箱体组合系统中，第一层箱体拦截的污染物占总拦截污染物比例很高，箱体内陶粒氮磷吸附能力受到的冲击也最大，但对以下逐层箱体内陶粒氮磷吸附能力的损害却逐层递减，因此可以保证整个多层箱体组合系统内陶粒对氮磷持久的吸附能力。综上分析，预计净水箱系统内陶粒对氮磷的吸附能力可在 10 年以上维持较高的水平。当系统内陶粒对氮磷的吸附能力丧失时，可结合更新植物生长床和植物的实施程序，对陶粒进行更新。

## 5.6 本章小结

### 1. 实例应用研究

试验选用的降雨为 2007 年 9 月 13 日的中雨，由于在本次降雨前的一个月时间里，北京并未有形成地表径流的有效降雨，本次初期径流雨水污染物浓度很高，应已达到或接近北京市区该数据上限，其中，总磷浓度过高可能与毗邻的公园草坪施肥维护和雨水井沉积物有关。

在行水期，尽管累计水力停留时间仅为 2h，装置对初期径流污水仍有很好的去除效果，系统对所有监测污染物去除率都在 40% 以上；截留后的雨水在净水箱中仅停留 5d，所有监测污染物相对进水浓度而言的累计去除率都在 75% 以上，说明净水箱作为拦水塘来使用的效果更佳。事实上，如净水箱数设计合理，对于大多数降雨事件，50%～70% 的初期径流雨水将储存在净水箱内。

在行水期，第一层箱体的对污染物去除率占四层箱体总去除率的比例很高，对于 SS、COD、总磷、活性磷、铜、锌、总大肠杆菌菌数，百分比分别为 74%、86%、85%、88%、77%、61% 和 86%。

### 2. 生态效果和景观效果分析

以北京地区野外草本植物群落中常见的蜘蛛和蜗牛为指示物种进行监测，数量较多的蜘蛛和蜗牛，说明四层净水箱组合装置内有层次的茂密植物群落和相对潮湿温暖的环境，对提高小型生物栖息地质量方面起到积极地促进作用。与原草皮护坡生态效果对比监测表明，净水箱护岸可明显提高岸坡小型生物栖息地质量和效能。如在水下为鱼巢砌块支撑，可进一步实现水面上下生境的连续性，当每延米净水箱护岸创造的高质量小型生物栖息地沿城市水体护岸延伸至一定规模时，则可实现城市局部生态环境从量变到质变的的改善效果。

四层净水箱组合装置中植物在夏季生长茂盛，整个植物群落连成一片，且在空间上的错落有致；蚊虫孳生监测表明，在净水箱系统设计中采取的控制蚊虫孳生的措施是必要和有效的；异味感观监测表明，运行期间不存在让人不悦的异味释放问题。净水箱护岸系统在实际工程应用中，完全可以作为城市一景，成为市民休闲娱乐的好场所。

**3. 净水箱护岸的工程实施与稳定性分析**

设计要点如下：基坑底部垫层材料宜选用砂砾，且将垫层面做成逆坡；尽量将混凝土底板的前趾部分加长；将护岸砌块上下层间错室咬合；将护岸结构设定为仰斜式；在逐层吊装预制鱼巢砌块和净水箱砌块的同时，对砌块后面的开挖坑进行逐层回填夯实，回填土宜选用洁净、含泥量小的砂砾料；在回填土和护岸结构顶部设混凝土封闭层；在护岸砌块后壁设排水孔；在回填料周边设反滤土工布；护岸结构高度不宜超过 5m。

在净水箱护岸结构设计中，可将护岸结构简化为仰斜式重力挡土墙进行稳定性分析。其稳定性分析包括抗滑稳定验算、抗倾覆稳定验算和地基承载力验算，当设计方案的验算结果不满足要求时，需要对原设计方案进行调整修正。

**4. 净水箱护岸的运行与维护**

对于种植李氏禾、三棱草和芦苇的净水箱系统，通常在连续 20d 以上无形成径流的降雨事件发生时，才需考虑对净水箱系统进行补水护理，补水操作可通过直接向蓄水池内泵入河水来完成；不需要考虑对净水箱系统进行施肥维护。

当汛期来临前，必要时应对植物枝叶进行修剪，修剪部分不宜超过植物株高的 2/3；在秋末，需要对干枯植物进行收割处理，收割部分为生长床以上整个株体；也可在夏季增加一次收割，收割部分不宜超过植物株高的 2/3。

在净水箱护岸系统使用中，应对蓄水池底部的泥斗进行清理，清理频率预计一年一次应可满足要求；净水箱的防淤冲洗可直接用泵抽提河水来实施，冲洗频率预计 5 年一次应可满足要求。

**5. 净水箱护岸的适用范围与使用寿命**

对于冰冻影响净水箱系统的正常运行的问题，可视不同城镇的实际气温条件，通过在一定寒冷时期关闭净水箱系统来解决；对冬季温度低于北京市区的其他城镇，可考虑对植物采取额外保温防护措施。

当城市水体护岸的设计方案为大于 45°的陡坡时，既可采用净水箱护岸系统；对于常水位以上陡坡的垂直空间而言，如果空间充裕，最好将净水箱砌块的组合层数设定在四层以上；如垂直空间有限，只在常水位以上安装一到两层净水箱砌块，也可达到较好的控制径流污染效果。

棕纤维作为天然纤维中最耐腐蚀的材料之一，其在净水箱内的使用寿命应该在 6 年以上，并有可能超过 10 年，当棕纤维的彻底降解导致植物生长床失效时，需要对净水箱内生长床和其上生长的水生植物进行更新；净水箱系统对其内部陶粒氮磷吸附能力的原位生物再生作用、间歇式运行方式和多层箱体组合，可有效降低陶粒对氮磷吸附能力衰减速度，预计净水箱系统内陶粒对氮磷的吸附能力可在 10 年以上维持较高的水平。当系统内陶粒对氮磷的吸附能力丧失时，可结合更新植物生长床和植物的实施程序，对陶粒进行更新。

# 第6章 结论与展望

## 6.1 本书的主要结论

（1）对于净水石笼护岸方案，由于在箱笼内的基质为大粒径砾石，且天然纤维垫内没有土壤，选择在这样恶劣条件下，能够生存的生命力强的水生植物是该护岸结构能否可行的关键。模拟试验表明，芦苇、三棱草和李氏禾是很好的水生植物选择，其根系对石笼有明显加固效果，且至少能适应在半米范围内的水位涨落，说明净化入河径流污染物的净水石笼护岸方案是可行的。

对于柔性排护岸方案，大孔混凝土砖配合比设计是本方案能否成功应用的关键。大孔混凝土配合比优化试验和种植试验表明，柔性排不仅有足够的抗压强度和抗折强度来保证护岸安全稳定，同时还具有合适的孔隙率和碱度还支持植物生长；大孔隙混凝土砖的土壤低填充率有利于雨水进一步扩散入大孔隙混凝土砖的孔隙内，来强化对径流雨水的阻滞作用和渗滤强度，另一方面，土壤低填充率不会影响排体上生长植物的覆盖度，说明适用于缓坡条件的净化径流雨水的柔性排护岸方案是可行的。

对于净水箱护岸方案，结合实际降雨进行的雨水径流净化试验结果表明，在行水期，尽管累计水力停留时间仅为 2h，四层净水箱装置对初期径流污水仍有很好的去除效果，系统对进水 COD、氮、磷、Cu、Zn、SS 和总大肠杆菌的去除率都在 40% 以上；截留后的雨水在净水箱中仅停留 5d，相对进水浓度而言的 COD、氮和磷累计去除率都在 75% 以上，净水箱护岸具有显著的净水效果；与原草皮护坡上植物生长状况和昆虫等动物出现频率的对比监测表明，净水箱护岸具有良好的生态效果和景观效果；对净水箱护岸的工程实施、稳定性、运行维护、适用范围和使用寿命等问题的系统分析表明，净水箱护岸是安全有效且简单易行。综上，说明适用于陡坡条件的净化径流雨水的净水箱护岸方案是可行的。

（2）将净水型护岸（water-purifying revetment）定义为："净水型护岸是一种通过生物-生态技术来强化了净水功能的生态型护岸。"对净水石笼护岸、柔性排护岸和净水箱护岸等三个典型净水护岸方案的提出，说明对于城市水体护岸而言，完全可以在满足工程性、景观性和生态性要求的基础上，将其功能延伸为对径流污染物去除有强化作用的净水护岸，净水型护岸在技术上和经济上都是可行的。

通过对城市水体护岸三个发展阶段——工程型护岸、景观型护岸和生态型护岸的归纳分析，针对在我国今后相当长的一个时期内，高污染物含量城市径流雨水排入城市水体的情况可能仍然普遍的情况，提出"净水型护岸"作为一种净化径流污染的辅助措施，完全有可能成为城市水体护岸结构的第四个发展阶段，并在我国逐步得到发展普及。

（3）通过对生态型净水箱护岸的系统研究，得到以下主要结论：

1）5 个试验周期中，在行水期，单层净水箱对氨氮、硝态氮、活性磷、铜和锌的去除率分别为 54%、67%、44%、64% 和 90%；在静置期，以第 5 天箱内存水污染物浓度计算，系统对氨氮、硝态氮和活性磷的去除率分别为 92％、54％和 76％。以上数据说明，净水箱系统对城市径流污水有较好的净化效果。

在行水期，净水箱系统对氨氮、活性磷、铜和锌去除效果随运行时间有明显的减弱趋势；说明在净水箱护岸的设计中，单周期的布水负荷宜小，以单层箱的布水负荷不超过 5 个 HRT 为宜。在静置期，净水箱系统对氨氮和活性磷的去除率随时间延长而增加，在第 1 天，系统对氨氮和活性磷的去除率分别为 81％和 69％；说明在净水箱护岸的实际应用中，较长的降雨间期有利于净水箱系统对蓄存污染物的深度去除，另一方面，即使偶尔出现降雨间期少于 5d 的情况，由新径流雨水排挤出的净水箱存水的污染物浓度也是相对较低的。

2）种植试验表明，李氏禾、三棱草和芦苇表现出极强的生命力和速生耐瘠能力，是净水箱内水生植物的较好选择。在芦苇、三棱草和李氏禾三种植物的四种组合中，有芦苇的植物组合对氧有更好的输送能力，高出只种植李氏禾的净水箱近 10％；有芦苇的植物组合对氨氮去除效果更优；三棱草对活性磷的去除效果优于芦苇；三棱草对 Cu 的去除效果优于芦苇；不同植物组合对锌去除率基本上没有差别。以上三种植物在株高、分蘖速度和生长速度的差异及因此形成的互补作用，可使箱体中植物的总生长量长时间保持在高水平。综上所述，为使净水箱系统达到较好的净水效果、生态效果和景观效果，宜选用"芦苇＋三棱草＋李氏禾"的植物组合方案。

3）不同进水浓度试验表明，在行水期，除氨氮外，净水箱系统对硝态氮、活性磷、铜和锌的去除率随进水浓度增加而增高。在低浓度进水中，单层净水箱对硝态氮、铜和锌的去除率都在 40％以上；而对低、中、高三种浓度进水中氨氮的去除率为 50％～60％，系统的氨氮去除率对进水浓度的依赖性不高。以上数据说明，净水箱系统对不同浓度的城市径流都能起到很好的净化作用。

4）不同 HRT 试验表明，在行水期，除硝态氮外，净水箱系统对氨氮、活性磷、铜和锌的去除率随 HRT 延长而增高。HRT 为 30min 时，净水箱系统对污染物的去除率占 HRT 为 3h 时去除率的百分比，对氨氮和活性磷，在 70％以上，对于铜和锌，在 60％以上；HRT 为 6h 时，净水箱系统对污染物的去除率相对于 HRT 为 3h 时去除率的增加百分比，对氨氮和活性磷，在 20％以内，对于铜和锌，在 10％以内。以上数据说明，出于提高净水箱系统对污水的处理效率考虑，单层净水箱的行水期 HRT 为 3h 左右是较好的选择；同时也说明，使布水负荷与降雨进程基本同步的方案，在净水效果上也是有保障的。

5）净水箱组合试验表明，随净水箱层数的增加，系统对有机物、氨氮、硝态氮、活性磷、铜和锌的累计去除率基本上以抛物线形式递增；其中，第 1 层去除效果最为显著，占四层总去除率的 50％以上。以上结论说明，对于常水位以上陡坡的垂直空间而言，如果空间充裕，最好将净水箱砌块的组合层数设定在四层以上；另一方面，即使垂直空间有限，只在常水位以上安装一到两层净水箱砌块，也可达到较好的控制径流污染效果。

6）不同植物生长期试验表明，相对于夏季而言，净水箱系统在秋季对氨氮、硝态氮、活性磷、铜和锌的去除效果未有大幅度降低，去除效果良好。通常在我国大部分地区，秋冬季节的降雨间期较春夏季节的降雨间期长，截留雨水会在净水箱内有更长的滞留时间，净水箱护岸对径流雨水的净化效果在秋冬季节同样是有保障的。

7）陶粒生物再生试验表明，净水箱系统在静置期对其内部陶粒氨氮和磷吸附能力有显著的原位生物再生效果，对于氨氮，在第 1 天，再生率达到 66%，第 5 天，再生率达到 74%。对于磷，在第 5 天，再生率达到 35%，第 10 天，再生率达到 43%，滞后于对氨氮的原位生物再生效果。以上试验数据说明，由于采用间歇式运行方式，净水箱系统通过原位生物再生作用，可有效降低陶粒对氮磷吸附能力的衰减速度，使系统对氮磷截留能力在长时间内保持在较高水平。

## 6.2 本书的主要创新之处

综合分析国内外同类研究的现状及其进展情况，本书的主要创新之处概括为以下几点：

### 1. 提出了较完整的净水护岸理念和技术体系

将净水型护岸（water-purifying revetment）定义为："净水型护岸是一种通过生物-生态技术来强化了净水功能的生态型护岸，即净水型护岸是以生物-生态技术为切入点，以护岸结构为载体，以强化护岸对水体尤其是径流污水净化能力为主要目的的生态型护岸。"

指出净水型护岸应属于"生态水工学"范畴，略有不同的是，净水护岸作为一项学科交叉的研究方向，在融合水利工程学和生态学原理和知识的同时，更突出环境工程学和景观美学。结合净水护岸设计方案归纳了净水护岸的设计原则：满足安全性、景观性（亲水性）、生态性的生态护岸设计原则；生物-生态修复技术与工程结构结合的设计原则；建设、运行和维护的经济性原则；因地制宜原则。

设计开发了三种已获得发明专利权的净水护岸结构，初步形成了可适用于多种运行条件的净水护岸技术体系：净水石笼护岸适用于净化已入河的径流污染物；柔性排护岸和净水箱护岸适用于净化入河前的径流雨水，柔性排护岸用于岸坡坡度小于 45° 的缓坡情况，净水箱护岸用于岸坡坡度大于 45° 的陡坡情况；净水箱护岸又可根据岸坡坡度 45°~75° 和 75°~95° 两种情况分别采取实施方案，用于新建和改建护岸工程。并通过试验研究，确认了三种净水护岸结构的可行性。

### 2. 开发了较成熟的净水箱护岸成套技术

对净水箱护岸结构和水下支撑鱼巢砌块、跳跃井、蓄水池、布水管等配套结构进行了系统设计，并对净水箱内的植物生长床、滤料、水生植物，以及净水箱护岸耐旱性、耐冻性、防蚊虫孳生和异味控制等环节进行了设计和研究论证。

确定了净水箱护岸在不同进水浓度、不同水力停留时间、不同植物组合、不同净水箱组合数和不同生长期的条件下对径流雨水中营养物和重金属的去除效果，为净水箱护岸的推广应用提供了设计依据。

### 3. 提出净水箱护岸净化径流雨水机理及进行野外应用研究

结合对陶粒进行的对氨氮、磷和铜的静态吸附解析性能研究，污水处理过程中净水箱中植物和微生物生长监测，以及污水基本理化指标 pH 和 $D_o$ 等进行的定量监测分析，对净水箱护岸净化径流雨水试验结果进行了机理分析。

结合实际降雨进行了净化雨水径流效果分析；通过与原草皮护坡上植物生长状况和昆虫等动物出现频率的对比监测，分析了净水箱护岸的生态效果和景观效果；对净水箱护岸的工程实施与稳定、运行与维护、适用范围与使用寿命等问题进行了系统分析。

## 6.3　有待进一步研究的问题

在本书的试验研究和理论分析过程中，以下问题值得进一步深入研究：

（1）本书中对净水箱护岸的研究主要为模拟试验，应用试验中也只针对一场降雨，净水箱护岸在实际工程中的长期运行状况有待进一步研究。

（2）对于净水石笼护岸方案和柔性排护岸方案，本书只通过试验研究确认了方案的可行性，而对于两种方案的实际净水效果有待进一步在工程应用中检验和量化。

（3）本书提出了三种净水型护岸技术，只初步形成了针对多种使用条件的净水型护岸技术体系，而更全面的技术体系有待通过创新性的研究工作来丰富，同时，净水型护岸理念也有待在净水型护岸技术的创新和应用中得到完善。

# 参 考 文 献

［1］ Dikshit A K，Loucks D P. Estimation Nonpoint Pollutant Loadings. In：A Geographical - Information - Based Nonpoint Source Simulation Model ［J］. J Environ Sys, 1996，24（4）：395 - 408.

［2］ US EPA. National water quality inventory. Report to Congress Executive Summary ［R］. Washington D C：USEPA, 1995. 497.

［3］ Marshall Taylor, Jaime Henkels. STORMWATER - Best Management Practices：Preparing for the Next Decade ［J］. STORMWATER, 2001, 2（7）：1 - 11.

［4］ 金相灿，等. 中国湖泊环境 ［M］. 北京：海洋出版社，1995.

［5］ 刘曼蓉，曹万金. 南京市城北地区暴雨径流污染的研究 ［J］. 水文，1990. 16 - 19.

［6］ 温灼如，等. 苏州水网城市暴雨径流污染的研究 ［J］. 环境科学，1986，7（6）：2 - 6.

［7］ 车伍，欧岚，等. 北京城区雨水径流水质及其主要影响因素 ［J］. 环境污染治理技术与装备，2002，3（1）：33 - 37.

［8］ 赵剑强，等. 城市路面径流污染的调查 ［J］. 中国给水排水，2002，17（1）：33 - 35.

［9］ 李立青，尹澄清，何庆慈，等. 武汉市城区降雨径流污染负荷对受纳水体的贡献 ［J］. 中国环境科学，2007，27（3）：312 - 316.

［10］ 李田，林莉峰，李贺. 上海市城区径流污染及控制对策 ［J］. 环境污染与防治，2006，28（11）：868 - 871.

［11］ 车伍，刘燕，李俊奇. 国内外城市雨水水质及污染控制 ［J］. 给水排水，2003，29（3）：38 - 42.

［12］ Dikshit A K，Loucks D P. Estimation Nonpoint Pollutant Loadings. In：A Geographiacl - Information - Based Nonpoint Source Simulation Model ［J］. J Environ Sys, 1996，24（4）：395 - 408.

［13］ 李俊奇，车伍. 德国城市雨水利用技术考察分析 ［J］. 城市环境与城市生态，2002，15（1）：47 - 49.

［14］ Auckland Regional Council. Low impact design manual for Auckland Region ［M］，2000.

［15］ 车武，李俊奇. 21 世纪中国城镇雨水利用与雨水污染控制. 中国土木工程学会水工分会第四届理事会第一次会议，2002. 520 - 525.

［16］ 何旭升，鲁一晖，章青，李文奇等. 河流人工强化净水工程技术与净水护岸方案 ［J］. 水利水电技术，2005，36（11）：26 - 29.

［17］ 韩冰，王效科，欧阳志云. 北京市城市非点源污染特征的研究 ［J］. 中国环境监测，2005，21（6）：63 - 65.

［18］ GB 18918—2002. 城镇污水处理厂污染物排放标准 ［S］. 2002.

［19］ 常静，刘敏，许世远，侯立军，王和意，Ballo Siaka. 上海城市降雨径流污染时空分布与初始冲刷效应 ［J］. 地理研究，2006，25（6）：994 - 1002.

［20］ 王超，王沛芳. 城市水生态系统建设与管理 ［M］. 北京：科学出版社，2004.

［21］ GB 50014—2006. 室外排水设计规范 ［S］. 2006.

［22］ 刘翠云，车伍，董朝阳. 分流制雨水与合流制溢流水质的比较 ［J］. 给水排水，2007，33（4）：51 - 55.

［23］ 任玉芬，王效科，韩冰，欧阳志云，苗鸿. 城市不同下垫面的降雨径流污染 ［J］. 生态学报，2005，25（12）：3225 - 3230.

［24］ 李立青，尹澄清，何庆慈，孔玲莉. 城市降水径流的污染来源与排放特征研究进展 ［J］. 水科学

进展，2006，17（2）：288 - 294.

[25] 韩冰，王效科，欧阳志云. 北京市城市非点源污染特征的研究 [J]. 中国环境监测，2005，21（6）：63 - 65.

[26] 谢卫民，张芳，张敬东，林红. 城市雨水径流污染物变化规律及处理方法研究 [J]. 环境科学与技术，2005，28（6）：30 - 31.

[27] 赵建伟，单保庆，尹澄清. 城市面源污染控制工程技术的应用及进展 [J]. 中国给水排水，2007，（12）：1 - 5.

[28] 尹炜，李培军，可欣，苏丹，李海波，郭伟. 我国城市地表径流污染治理技术探讨 [J]. 生态学杂志，2005，24（5）：533 - 536.

[29] Niva Syversen, Marianne Bechmanne. Vegetative buffer zones as pesticide filters for simulated surface runoff [J]. Ecological Engineering, 2004，22：175 - 184.

[30] Edgar L, Villarreal Annette, Semadeni - Davies Lars Bengtsson. Inner city stormwater control using a combination of best management practices [J]. Ecological Engineering, 2004，22：279 - 298.

[31] 单保庆，陈庆锋，尹澄清. 塘-湿地组合系统对城市旅游区降雨径流污染的在线截控作用研究 [J]. 环境科学学报，2006，26（7）：1068 - 1075.

[32] 薛玉，张旭，李旭东，李广贺. 复合沸石吸氮系统控制暴雨径流污染 [J]. 清华大学学报（自然科学版），2003，43（6）：854 - 857.

[33] Tilley D R, Brown M T. wetland networks for stormwater management in subtropical urban watersheds [J]. Ecol Eng, 1998，10（2）：131 - 158.

[34] Sieker F. On - site stormwater management as an alternative to conventional sewer systems：a new concept spreading in Germany [J]. Water Sci Technol, 1998，38（10）：65 - 71.

[35] Brattebo B O, Booth D B. Long - term stormwater quantity and quality performance of permeable pavement systems [J]. Water Res, 2003，37（18）：4369 - 4376.

[36] Gilbert J K, Clausen J C. Stormwater runoff quality and quantity from asPhalt, paver, and crushed stone driveways in Connecticut [J]. Water Res, 2006，40（4）：826 - 832.

[37] Isensee A R, Sadeghi A M. Quantification of runoff in Laboratory - scale chambers [J]. Chemosphere, 1999，38（8）：1733 - 1744.

[38] 董哲仁，刘蒨，曾向辉. 受污染水体的生物-生态修复技术 [J]. 水利水电技术，2002（2）：1 - 4.

[39] 达良俊，颜京松. 城市近自然型水系恢复与人工水景建设探讨 [J]. 现代城市研究，2005（1）：9 - 15.

[40] 田伟君. 河流微污染水体的直接生物强化净化机理与试验研究 [D]. 南京：河海大学，2005.

[41] 董哲仁. 水利工程对生态系统的胁迫 [J]. 水利水电技术，2003，34（7）：1 - 5.

[42] 王绍斌，林晨. 从凉水河综合整治工程看城市河道的生态设计 [M]. 2005 年城市防洪与排水学术研讨会论文集，2005.90 - 96.

[43] 万勇. 生态型护岸在观澜河治理工程中的应用 [J]. 中国农村水利水电，2005（11）：89 - 90.

[44] 王洪霞，金德钢. 宁波市生态河道护岸初探 [J]. 浙江水利科技，2006（1）：52 - 55.

[45] 吴强左，沈君，俞晓叶. 海盐县生态河道建设初探 [J]. 浙江水利科技，2007（2）：55 - 56.

[46] 潘纪荣，马申炎，孙金森. 慈溪市生态河道建设初探 [J]. 浙江水利科技，2006（4）：56 - 57.

[47] 逢红，祁有祥，赵廷宁，赵方莹. 北京市人民渠生态护岸技术应用研究 [J]. 中国水土保持，2007（6）：37 - 39.

[48] 徐进，许瑞军. 黄山市中心城区生态护岸建设实践与探讨 [J]. 安徽水利水电职业技术学院学报，2004，4（2）：40 - 42.

[49] 刘滨谊，周江. 论景观水系整治中的护岸规划设计 [J]. 中国园林，2004（3）：49 - 53.

[50] 俞孔坚，胡海波，李健宏．水位多变情况下的亲水生态护岸设计——以中山岐江公园为例 [J]．中国园林，2002 (1)：37-38.

[51] 日本财团法人河流整治中心编著．多自然型河流建设的施工方法与要点 [M]．周怀东，等译．中国水利水电出版社，2003.

[52] 许士国，高永敏，刘盈斐．现代河道规划设计与治理 [M]．北京：中国水利水电出版社，2006.

[53] 夏继红，严忠民．国内外城市河道生态型护岸研究现状及发展趋势 [J]．中国水土保持，2004 (3)：20-21.

[54] 高永敏，许士国．大连市生态型河道建设 [J]．中国水利，2004 (14)：20-21.

[55] 左华．桂林环城水系整治及生态修复——生态护岸工程 [J]．桂林工学院学报，2005，25 (4)：437-441.

[56] 季永兴，刘水芹，张勇．城市河道整治中生态型护岸结构探讨 [J]．水土保持研究，2001，8 (4)：25-28.

[57] Jaana Uusi-Kamppa and Bent Braskerud. Buffer zones and constructed wetlands as filters for agricultural phosphorus. Journal Environmental Quality, 2000, 29 (1)：151-158.

[58] Ying C Q, and Wang X. Degradation problems of the land/water acetones in China and their ecological impact to water systems. Journal of environmental Sciences, 1999, 11 (2)：247-251.

[59] Huang G H and J Xia. Barriers to sustainable water quality management. Journal of Environmental Management, 2001, 61 (1)：1-23.

[60] Clausen J C, et al. Water quality changes from riparian buffer restoration in connecticut. Journal Environ. Quality, 2000, 29：1751-1761.

[61] Phillips J. Non-point source pollution controlling effectiveness of riparian forest along a coastal plain river [J]. Journal of Hydrology, 1989, 110：221-237.

[62] Mcglynn B L, et al. Riparian zone flowpath dynamics during snowmelt in a small headwater catchment. Journal of Hydrology, 1999, 222 (4)：75-92.

[63] Hooper R P, et al. Riparian control of stream-water chemistry：implications for hydrochemical basin models. IAHS, 1998, 248：451-458.

[64] Haycock N E. Riparian land as buffer zones in agricultural catchments. Unpublished D Phil Thesis, University of Oxford, 1991.

[65] 王艳颖，王超，侯俊，等．木栅栏砾石笼生态护岸技术及其应用 [J]．河海大学学报（自然科学版），2007，35 (3)：251-254.

[66] 陈庆锋，单保庆，尹澄清，胡承孝．利用生态混凝土控制城市坡面暴雨径流污染试验研究 [J]．环境污染治理技术与设备，2006，7 (11)：23-28.

[67] 董哲仁．生态水工学的理论框架 [J]．水利学报，2003 (1)：1-6.

[68] Coppin N J, Richards I G. Use of vegetation in civil engineering [M]. CIRIA：Butterworths, 1990. 292.

[69] 陈明曦，陈芳清，刘德富．应用景观生态学原理构建城市河道生态护岸 [J]．长江流域资源与环境，2007，16 (1)：97-101.

[70] Gersberg R M, Elkins B V, Goldman C R. Nitrgen removal in artificial wetlands. Wat. Res. 1983, 17 (9)：1009-1014.

[71] 刘晓霞，茅琛．棕叶纤维性能研究．上海纺织科技，2006，34 (9)：20-21.

[72] Rose C W, Bofu Yu, Hogarth W L, et al. Sediment deposition from flow at low gradients into a buffer strip—a critical test of re-entrainment theory [J]. J Hydrol, 2003, 280 (1)：33-51.

[73] 黄永健，丁留谦，孙东亚，赵进勇．排体护岸工程的铺排施工 [J]．水利水电技术，2007，38 (2)：74-77.

［74］ 姚仕明，卢金友. 两种护岸新材料的应用技术试验研究 ［J］. 泥沙研究，2006（2）：17-21.

［75］ DL/T 5150—2001. 水工混凝土试验规程 ［S］. 2001.

［76］ Jan vymazal. Transformations of nutrients in natural and constructed wetlands. Backhuys Publishers，Leiden，2001.

［77］ Van der Valk AG，Jolly RW. Recommendations for research to develop guidelines for the use of wetlands to control rural NPS pollution. Ecological Engineering，1992，1（1）：115-134.

［78］ Antoniou P，Hamilton J，Koopman B，Jain B，Holloway G，Lyberatos G，and Svoronos S A. Effect of temperature and pH on the effective maximum specific growth rate of nitrifying bacteria. Water Research. 1990，24（1）：97-101.

［79］ 成水平，夏宜铮. 香蒲、灯心草人工湿地的研究-Ⅱ. 湖泊科学，1998，10（1）：62-66.

［80］ Reed S C，Brown D. Subsurface flow wetlands-a performance evaluation. Wat. Envir. Res. 1995，67（2）：244-248.

［81］ 董哲仁. 生态水利工程的基本设计原则 ［J］. 水利学报，2004（10）：1-6.

［82］ 叶建锋. 垂直潜流人工湿地中污染物去除机理研究 ［D］. 上海：同济大学，2007.

［83］ Gupta G S，Prasad G，Singh V N. Removal of chrome dye from aqueous solution by mixed adsorbents：fly ash and coa. Water Research，1990，24：45-52.

［84］ Laber J R，Perfler R，Haberl R. Two strategies for advanced nitrogen elimination in vertical flow constructed wetlands. Wat. Sci. Tech. 1997，35（5）：71-77.

［85］ 张平平，刘宪华. 纤维素生物降解的研究现状与进展 ［J］. 天津农学院学报，2004，11（3）：48-54.

［86］ 高培基，曲音波，汪天虹，等. 微生物降解纤维素机制的分子生物学研究进展 ［J］. 纤维素科学与技术，1995，3（2）：1-9.

［87］ 李素芬，霍贵成. 纤维素酶的分子结构组成及其功能 ［J］. 中国饲料，1997（13）：12-14.

［88］ Amano Yoshihiko，Kanda Takahisa. New Insights into Cellulose Degradation by Cellulases and Related Enzymes. Trends in Glycoscience and Glycotechnology，2002，14：27-34.

［89］ Tomme P，Warren R A，Gilkes N R. Cellulose hydrolysls by bacteria and fungi ［J］. Advanced Microbiology and Physiology，1995，37（1）：1-81.

［90］ 阎伯旭，孙迎庆，高培基. 有限酶切拟康氏木霉纤维素酶分子研究其结构域的结构与功能 ［J］. 纤维素科学与技术，1998，6（3）：1-9.

［91］ 陈立祥，章怀云. 木质素生物降解及其应用研究进展 ［J］. 中南林学院学报，2003，23（1）：79-85.

［92］ 张辉，戴传超，等. 生物降解木质素研究新进展 ［J］. 安徽农业科学，2OO6，34（9）：1780-1784.

［93］ 王佳玲，余惠生，付时雨，等. 白腐苗漆酶的研究进展 ［J］. 微生物学通报，1998，25（4）：233-235.

［94］ 卢雪梅，李越中，王蔚，等. 黄孢原毛平革菌木素过氧化物酶类在天然木素降解中作用的研究 ［J］. 菌物系统，1998，17（2）：179-184.

［95］ ROTHSCHIL D N，LEVKOWTIZ A，HADAR Y，et al. Manganese dificierxy can replace high oxygen levels needed for lignin peroxidase formation by Phanerochaete chrysasporium ［J］. Appl Environ Microbiol，1999，65（2）：483-488.

［96］ ORTH A，ROYSE D，TIEN M. Ubiguity of lignin-degrading peroxidases among various wood-degrading fungi ［J］. Appl Environ Microbiol. 1993，59（12）：4017-4923.

［97］ 赵红霞，杨建军，詹勇. 白腐真菌在秸秆作物资源开发中的研究 ［J］. 饲料工业，2002，23（11）：40-42.

[98] 台德卫,张效忠,王元垒,等.稻田主要杂草种类和生长变化的研究 [J]. 安徽农业科学,2003,31 (4):535-536.

[99] 李彦君,刘海刚,石金鹏.几种稻田难治杂草的防治 [J]. 现代化农业,2003,283 (2):11-13.

[100] 王险峰.关成宏旱田几种难治杂草防治技术进展 [J]. 现代化农业,2002 (12):7-9.

[101] 史凤海,黄巍,刘传琴.北方稻田杂草的识别及防治方法 [J]. 北方水稻,2004,增刊:56.

[102] 王洪梅.滦南县春旱种稻田杂草优势种群及其防治 [J]. 中国植保导刊,2002,22 (10):30-31.

[103] 黄世文,余柳青,罗宽.稻田杂草生物防治研究现状、问题及展望 [J]. 植物保护,2004,30 (5):5-11.

[104] 冯新民,金丽华,张学友,胡加如.稻田杂草控制技术的发展与现状 [J]. 金陵科技学院学报,2001,17 (4):32-35.

[105] 李华英.广西直播水稻田杂草发生与防除 [J]. 广西农业科学,2005,36 (2):141-143.

[106] 安礼如,邢华,许乾,An Liru. 超级耕夫防除稻田杂草的效果 [J]. 杂草科学,2001 (1):23-28.

[107] 李群,陈学宝,田长柏等.威农防除抛栽稻田多年生杂草试验小结 [J]. 杂草科学,2001 (1):20-22.

[108] 王平,赵广鹏,潘胜利.黑龙江垦区稻田主要杂草种类及发生规律 [J]. 现代化农业,2004 (4):4-5.

[109] 王大力,尹澄清.植物根孔在土壤生态系统中的功能 [J]. 生态学报,2000,20 (5):869-874.

[110] 刘芳,李贵宝,王殿武,等.白洋淀芦苇湿地根孔系观测调查及其净化污水的研究 [J]. 南水北调与水利科技,2004,2 (6):20-23.

[111] 李贵宝,周怀东,刘芳.水陆交错带芦苇根孔及其净化污水的初步研究 [J]. 中国水利,2003,B刊:66-68.

[112] 方华,陈天富,林建平.李氏禾的水土保持特性及其在新丰江水库消涨带的应用 [J]. 热带地理,2003,23 (3):214-217.

[113] 陈天富,林建平,冯炎基.新丰江水库消涨带岸坡侵蚀研究 [J]. 热带地理,2002,22 (2):166-170.

[114] 张学洪,罗亚平,黄海涛,等.一种新发现的湿生铬超积累植物——李氏禾 [J]. 生态学报,2006,26 (3):950-953.

[115] 尹军,崔玉波.人工湿地污水处理技术 [M]. 北京:化学工业出版社,2006.

[116] 徐贵泉,陈长太,张海燕.苏州河初期雨水调蓄池控制溢流污染影响研究 [J]. 水科学进展,2006,17 (5):705-708.

[117] 王和意,刘敏,刘巧梅,侯立军,欧冬妮.城市暴雨径流初始冲刷效应和径流污染管理 [J]. 水科学进展,2006,17 (2):181-185.

[118] 车伍,张炜,李俊奇.述评与讨论城市雨水径流污染的初期弃流控制 [J]. 中国给水排水,2007,23 (6):1-5.

[119] 张忠祥,钱易.城市可持续发展与水污染防治对策 [M]. 北京:中国建筑工业出版社,1998.

[120] 侯立柱,丁跃元,冯绍元,等.北京城区不同下垫面的雨水径流水质比较 [J]. 中国给水排水,2006,22 (23):35-38.

[121] SD 239—87. 水土保持试验规范 [S]. 1987.

[122] 张甲耀,夏盛林.潜流型人工湿地污水处理系统氮去除及氮转化细菌的研究 [J]. 环境科学学报,1999,19 (03):323-327.

[123] Marschner H，Römheld V，Cakmak I. Root – induced changers of nutrient availability in the rhizo-sphere. Journal of Plant Nutrition，1987，10：1175 – 1987.

[124] Gollany H T，Schumacher T E. Combined use of colorimetric and microelectode methods for eval-uating rhizosphere Ph. Plant and Soil，1993，154：151 – 159.

[125] Stottmeister U，Wießner A，Kurschk P，et al. Effects of plants and micoorganisms in constructed wetlands for wastewater treatment. Biotechnology Advances，2003，22：93 – 117.

[126] GB 18918—2002. 城镇污水处理厂污染物排放标准 [S]. 2002.

[127] Armstrong W. Root aeration in wetland condition. In：Hook D D，Crawford R M，eds. Plant life in anaerobic environments，Ann：Ann Arbor S cience，MI，1987. 269 – 297.

[128] Hatano K，Trettin C C，House C H. Microbial populations and decomposition activity in three subsurface flow constructed wetlands. in：Constructed wetlands for water quality improve-ment. Gerald A M. Florida：Lewis Publishers. 1993. 540 – 547.

[129] 项学敏，宋春霞，李彦生，等. 湿地植物芦苇和香蒲根际微生物特性研究 [J]. 环境保护科学，2004，30 (124)：25 – 38.

[130] Armstrong W，Armstrong J，Beckett P M. Measurement and modeling of oxygen release from root of Phragmites australis. The use of constructed wetland in water pollution control. Oxford：Perga-mon，1990. 41 – 51.

[131] Sorrell B K，Amstrong W. On the difficulties of measuring oxygen release by root systems of wet-land plants. Journal of Ecology，1994，82：177 – 183

[132] Jespersen D N，Sorrell B K，Brix H. Growth and root oxygen release by Typha latifolia and its effects on sediment methanogenesis. Aquatic Botany，1998，61：165 – 180.

[133] Patrick W H，Jr，Reddy K R. Nitrification – denitrification reactions in flooded soils and sediment：dependence on oxygen supply and ammonia diffusion. J. Environ. Qual. ，1976，5：469 – 472.

[134] Reddy K P，Graetz D A. Carbon and nitrogen dynamics in wetland soils. The ecology and manage-ment of wetlands Vol. I. Portland，OR：Timber Press，1988. 307 – 318.

[135] Brown D S，Reed S C. Inventory of constructed wetlands in the United State. Wat. Scitech. 1994，29 (4)：309 – 318.

[136] US EPA，Subsurface Flow Wetland for Wastewater Treatment. A Technology Assessment. 1993，EPA 832 – R – 93 – 008.

[137] 徐丽花，周琪. 不同填料人工湿地处理系统的净化能力研究 [J]. 上海环境科学，2002，21 (10)：603 – 605.

[138] Ying – Feng Lin，Shuh – RenJing，Tze – WenWang，Der – Yuan Lee. Effects of macrophytes and external carbon sources on nitrate removal groundwater in constructed wetlands [J]. Environmen-tal Pollution，2002，199：413 – 420.

[139] Reddy K R，Patrick W H. Nitrogin transformations and loss in flooded soils and sediment CRC Crit. Rev. Envir. Contol，1984，13：273 – 309.

[140] Brix H. Treatment of wastewater in the rhizosphere of wetland plant – the rootzone method. Water Science and Techology. 1987，19：107 – 118.

[141] Shammas N K. Interaction of temperature，pH and biomass on the nitrification process. JWP-CF. 1986，58 (1)：52 – 59.

[142] Crites R W. Design criteria and practice for constructed wetlands. Water Science and Technolo-gy. 1994，29 (4)：1 – 6.

[143] Oleszkiewicz J A，Danesh S. Cold temperature nutrient removal from wastewater. Cold region pro-ceedings of the 8TH Intl. Conf. On cold regions Engineering. ASCE，1996. 533 – 544.

[144] Groeneweg J，Sellner B，Tappe W. A mmonia oxidation in Nitrosomonas at $NH_3$ concentration near Km：effects of pH and temperature. Water Research. 1994，28（12）：2561－2566.

[145] Wijffels R H，Englund G，Hunik J H，Leegan E J T M，Bakketun A，Gunther A，Obon de Castro J M，Tramper J. Effects of diffusion limitation on immobilized nitrifying microorganisms at low temperatures. Biotechnology & Bioengineering，1995，45（1）：1－9.

[146] Murphy E B，Arycyk O，Gleason W T. Natural zeolites：novel uses and regeneration in waste water treatment. In：Sanf，L B，and Mumpton，F A. Natural Zeolites，Occurrence，Properties，Use. New York：Pergamon press，1987. 471－478.

[147] Wang N M，William J M. A detailed ecosystem model of phosphorus dynamics in created riparian wetlands. Ecol Eng，2000，126：101－130.

[148] 付融冰，杨海真，顾国维，等. 人工湿地基质微生物状况与净化效果相关分析. 环境科学研究，2005，18（6）：44－49.

[149] 梁威，吴振斌，詹发萃，等. 人工湿地植物根区微生物与净化效果的季节变化. 湖泊科学，2004，16（4）：312－317.

[150] C. H. House，S. W. Broome & M. T. Hoover. Treatment of Nitrogen and Phosphorus by a Constructed Upland－wetland Wastewater Treatment System [J]. Wat. Sci. Tech. 1994，29（4）：177－184.

[151] 吴振斌，陈辉蓉，贺锋，等. 人工湿地系统对污水磷等净化效果 [J]. 水生生物学报，2001，25（1）：2835.

[152] 除春华，周琪，宋乐平. 人工湿地在农业面源污染控制方面的应用 [J]. 重庆环境科学，2001，23（3）：70－72.

[153] Brix H，Arias C A，Bubba M. Media selection for sustainable phosphorus removal in subsurface flow constructed wetland. Water Science and Technology. 2001，44（11/12）：47－54.

[154] HengPeng Ye，Fanzhong Chen，Yanping Sheng，et. al. . Adsorption of Phosphate from aqeous solution onto modified palygorskites. Separation Purification Technology，2006. 1－8.

[155] Özacar Mahmu. Adsorption of phosphate from aqueous solution onto alunite. Chemosphere，2003，51：321－327.

[156] Das J，Patra B S，Baliarsingh N，et al. Adsorption of phosphate by layered double hydroxides in aqueous soluiton. Applied Clay Science，2006. 1－9.

[157] 赵桂瑜. 人工湿地除磷基质筛选及其吸附机理研究 [D]. 上海：同济大学，2007.

[158] 吴慧芳，陈卫. 城市降雨径流水质污染探讨 [J]. 中国给水排水，2002，18（12）：25－27.

[159] Chang M. Roofing as a source of nonpoint water pollution [J]. Journal of Environmental Management，2004，73：307－315.

[160] Chang M，Crowley C M，Preliminary observations on water quality of strom runoff from four selected residential roofs. Water Resources Bulletin，1993，29：777－783.

[161] Allen P. Davisd. Loading estimates of lead，copper，cadmium，and zinc in urban runoff from specific sources. Chemosphere. 2001，44：997－1009.

[162] 王敦球. 城市污水污泥重金属去除与污泥农用资源化研究 [D]. 重庆：重庆大学，2004.

[163] 李晓晨. 城市污水处理过程中重金属形态分布及潜在迁移性研究 [D]. 南京：河海大学，2006.

[164] Karvelas M，Katsoyiannis A，Samara C. Occurrence and fate of heavy metal in the wastewater treatment process [J]. Chemosphere，2003，53：1201－1210.

[165] Jenkins R L，Sheybeler B J，Smith M L，et al. Metals removal，recovery from municipal sludge [J]. J. Water Poll. Control. Fed. ，1981，53：25－32.

[166] Walker D J，et al. The reduction of heavy metals in a stormwater wetland [J]. Ecological Engi-

neering，2002，18（4）：407－414.

[167] Obarska－Pempkowiak H，Klimkowska K. Distribution of nutrients and heavy［J］. Chemosphere，1999，39（2）：303.

[168] Scholz M. Performance predictions of mature experimental constructed wetlands which treat urban water receiving high loads of lead and copper［J］. Water research，2003，37（6）：1270－1277.

[169] 缪绅裕，陈桂珠，黄玉山，等. 模拟试验秋茄湿地系统中锌的分配与土壤容量［J］. 环境科学学报，1999，19（5）：545－54.

[170] 谭长银，刘春平，周学军，夏卫生. 湿地生态系统对污水中重金属的修复作用［J］. 水土保持学报，2003，17（4）：67－70.

[171] 李花粉. 根际重金属污染［J］. 中国农业科技导报，2000，2（4）：54－59.

[172] 李花粉，张福锁，李春俭，毛达如. 根分泌物对根际重金属动态的影响［J］. 环境科学学报，1998，18（2）：199－203.

[173] 陈素华，孙铁珩，周启星，等. 微生物与重金属间的相互作用及其应用研究［J］. 应用生态学报，2002，13（2）：239－242.

[174] 王保军，杨惠芳. 微生物与重金属的相互作用［J］. 重庆环境科学，1996，18（1）：35－38.

[175] Gadd G M. Microbial control of heavy metal pollution［J］. Enviromental Research，1992，43：59－88.

[176] V. I. 格鲁德娃等. 含原油和有害重金属的生物净化［J］. 国外金属矿选矿，2001（11）：41－43.

[177] Zhu Y L，Pilon－Smits E A H. Jouanin L，et al. Overexpression of glutathetase in Indian mustard enhances cadmium accumulation and tolerance［J］. Plant physiology，1999，119（1）：73－79.

[178] Del Rio M，Font R，Almela C. Heavy metals and arsenic uptake by wild vegetation in the Guadiamar river area after the toxic spill of the Aznzlclar mine［J］. Journal of Biotechnology，2002，98（1）：125－137.

[179] Lasat M M，Baker A J，Kochian L V. Physiological characterization of root Zn2＋ adsorption and translocation to shoots in Zn hyperaccumulator and nonaccumulator species of Thlaspi［J］. Plant Physiol. ，1996，112：1715－1722.

[180] Homer F A，et al. Characterization of the nickel－rich extract from thenickel hyperaccumulator Dichapetalum gelonioides［J］. Phytochemistry，1991，30：2141－2145.

[181] Powicki C R. Treating wastewaters nautrally［J］. World and I Magazine－Treating Wastewaters Nauturally，1998，13（1）：150－157.

[182] Isabel C，Carlos V，Fernando C. Accumulation of Zn，Pb，Cu，Cr and Ni in sediments between roots of the Tagus Estuary salt marshes，Portugal［J］. Estuarine，Coastal and Shelf Science，1996，42：393－403.

[183] 吴启堂. 根系分泌物对镉生物有效性的影响［J］. 土壤，1993（5）：257－259.

[184] 仇荣亮，汤叶涛，方晓航，CHANEY Rufus L，LI Yin－ming，ANGLE J Scott，刘雯，曾晓雯. 重金属污染土壤的植物修复及其机理研究［J］. 中山大学学报（自然科学版），2004，43（6）：144－149.

[185] 郝桂玉，黄民生，徐亚同. 潜流湿地在水体生态修复中的应用［J］. 净水技术，2004，23（1）：34－37.

[186] 李勤奋，李志安，任海，杜卫兵，田胜尼，彭少麟. 湿地系统中植物和土壤在治理重金属污染中的作用［J］. 热带亚热带植物学报，2004，12（3）：273－279.

[187] 弓晓峰，黄志中，张静，简敏菲. 鄱阳湖湿地重金属形态分布及植物富集研究［J］. 环境科学研究，2006，19（3）：34－40.

[188] Liu M C，Li H F，Xia L J，et al. Difference of cadmium uptake by rice genotypes and relationship between the iron oxide plaque and cadmium uptake [J]. Acta Sci Circum（环境科学学报）. 2000，20（5）：592－596.

[189] Liu M C，Li H F，Xia L J，et al. Efect of Fe，Mn coating formed on roots on Cd uptake by rice varieties [J]. Acta Ecol Sin. 2001，21（4）：598－601.

[190] Michal Green，et al. Bionlogical － ion exchange process for ammonium removal from second effluent. Wat. Sci. Tech.，1996，34（1－2），449－458.

[191] Lahav O，et al. Ammonium removal from primary and secondary effluents using a bioregenerated ion－exchange process. Wat. Sci. Tech.，2000，42（1－2），179－185.

[192] 张曦，吴为中，温东辉，李文奇，唐孝炎. 氨氮在天然沸石上的吸附及解吸 [J]. 环境化学，2003，22（2）：166－171.

[193] Dimova G，Mihailov G，Tzankov Tz. Combined Filter for Ammonia Removal－Part Ⅰ：Minimal Zeolite Contact Time and Requirements for Desorption. Water Science and Technology，1999，39（8）：123－129.

[194] 温东辉，张曦，吴为中，李文奇，唐孝炎. 天然沸石对铵吸附能力的生物再生试验研究 [J]. 北京大学学报（自然科学版），2003，39（4）：494－500.

[195] 付融冰. 强化人工湿地对富营养化水体的修复及作用机理研究 [D]. 上海：同济大学，2007.

[196] Ben Urbonas，et al. Stormwater：best management practices and detention for water quality，drainage，and CSO management：1993. 382－389.

[197] 马敬. 磷胁迫下植物根系有机酸的分泌及其对土壤难溶性磷的活化 [M]. 北京：中国农业大学，1994.

[198] Van Hees P A W，Vinogradoff S I，Edwards，et al. Low molecular weight organic acid adsorption in forest soils：effects on soil solution concentrations and biodegradation rates [J]. Soil Biology & Biochemistry，2003，35：1015～1026

[199] Fox T，N Comerford. Influence of oxalate loading on phosphorus and aluminum solibility in spodosols [J]. Soil Sci. SOC. Am. J. 1992，56：290－294.

[200] 陆文龙，曹一平，张福锁. 低分子量有机酸对不同磷酸盐的活化作用 [J]. 华北农学报，2001，16（1）：99－104

[201] 陈希哲. 土力学地基基础 [M]. 北京：清华大学出版社，1988. 130－140.

[202] 庞荣丽，介晓磊，谭金芳，王宜伦. 低分子量有机酸对不同合成磷源的释磷效应 [J]. 土壤通报，2006，37（5）：941－944.

[203] Pant H K，Reddy K R. Potential internal loading of phosphorous in a wetland constructed in agricultural land. Water Research，2003，37（5）：965－972.

[204] Syers J K，Harris R F，Armstrong D E. Phosphate chemistry in lake sediments. J. Environ. Qual. 1973，2：1－14.

[205] Reddy K R，Connor G A，Gale P M. Phosphorus sorption capacities of wetland soils and stream sediments impacted by dairy effluent. Journal of Environmental Quality，1998，27：438－447.

[206] Cooke J G，Stub L，Mora N. Fractionation of phosphorus in the sediment of a wetland after a decade of receiving a sewage effluent. Journal of Environmental Quality，1992，21：726－732.

[207] Baker M J，Blowes D W，Ptacek C J. Laboratory development of permeable reactive mixtures for the removal of phosphorus from onsite wastewater disposal systems. Environ. Sci. Technol.，1998，32：2308－2316.

[208] 中国土壤学会农业化学专业委员会. 土壤农业化学常规分析方法. 北京：科学出版社，1983.

[209] Arias C A，M Del Bubba，Brix H. Phosphorus removal by sands for use as media in subsurface

flow constructed reed beds. Wat. Res, . 2001, 35 (5): 1159 - 1168.

[210] Dong Cheol Seo, Ju Sik Cho, Hong Jae Lee, et al., Phosphorus retention capacity of filter media for estimating the longevity of constructed wetland. Wat. Res. , 2005, 39: 2445 - 2457.

[211] Reddy K R, Connor G A, Gale P M. Phosphorus sorption capacities of wetland soils and stream sediments impacted by dairy effluent. Journal of Environmental Quality, 1998, 27: 438 - 447.

[212] Cooke J G, Stub L, Mora N. Fractionation of phosphorus in the sediment of a wetland after a decade of receiving a sewage effluent. Journal of Environmental Quality, 1992, 21: 726 - 732.

[213] Reed S C, Brown D. Subsurface flow wetlands performance evaluation. Water Eviromental Researeh, 1995, 67 (2): 244 - 248.

[214] 李立青, 尹澄清, 孔玲莉, 何庆慈. 2 次降雨间隔时间对城市地表径流污染负荷的影响 [J]. 环境科学, 2007, 28 (10): 2287 - 2293.

[215] GB 50286—98. 堤防工程设计规范 [S]. 1998.

# 附录 本书作者的科研工作、发表论文、获得专利情况

## 1. 参加科研工作情况

| 项 目 类 别 | 编 号 | 名 称 |
| --- | --- | --- |
| 中国水科院科研专项 | 结集 KF0601 | 净水护岸关键技术研究 |
| 水利部科技创新项目 | SCX2004 - 01 | 生态水工学关键技术研究 |
| 水利部重点科技推广计划项目 | TG0301 | 河道整治生态水工技术的开发与推广 |
| 水利部重点科技推广计划项目 | SCX2002 - 04 | 利用生态方法治理洋河水库污染水体示范研究 |

## 2. 学术论文发表情况

(1) 何旭升,逄勇,鲁一晖,李文奇. 净水型护岸技术的探讨 [J]. 水利学报,2008, 39 (6): 659 - 666.

(2) 何旭升,逄勇,鲁一晖,李文奇. 净化城市径流的净水箱护岸技术 [J]. 水利水电技术, 2008, 39 (9): 78 - 82.

(3) 何旭升,鲁一晖,马锋玲,王少江. 净化城市径流的柔性排护岸技术研究 [J]. 水利水电技术, 2008, 39 (10): 90 - 93.

(4) 何旭升,鲁一晖,章青,李文奇等. 河流人工强化净水工程技术与净水护岸方案 [J]. 水利水电技术, 2005, 36 (11): 26 - 29.

(5) 何旭升,鲁一晖,李文奇,杜丙照. 净水箱护岸设计及试验研究 [J]. 中国水利水电科学研究院学报, 2008, 6 (1): 74 - 80.

(6) 肖兴富,李文奇,常佩丽,何旭升. 棕榈纤维垫法恢复水库岸边植被施工技术 [J]. 南水北调与水利科技, 2005, 3 (4): 26 - 28.

## 3. 获得专利情况

(1) 柔性护岸排 (发明专利:ZL 200410039596.2)。

(2) 净水石笼以及使用石笼净水的方法 (发明专利:ZL 200510005251.X)。

(3) 生态净水箱 (发明专利:ZL 200610080897.9)。

(4) 生态垫 (实用新型专利:ZL 200420064541.2)。

(5) 生态石笼 (实用新型专利:ZL 200520145355.6)。

## 4. 获奖情况

(1) 2007 年中国水科院科技创新奖特等奖。

(2) 2008 年水利部大禹奖一等奖。

# 本书实验所用实验仪器

## 使用实验仪器一览表

| 序号 | 仪 器 名 称 | 型 号 | 生 产 厂 家 |
|---|---|---|---|
| 1 | 紫外可见分光光度计 | HACH DR5000U | 美国哈希公司 |
| 2 | 数字式反应器 | HACH DRB200 | 美国哈希公司 |
| 3 | 多参数水质监测仪 | HACH hydrolab | 美国哈希公司 |
| 4 | 水浴恒温振荡器 | SHA－BA | 江苏荣华仪器制造有限公司 |
| 5 | 高速台式冷冻离心机 | TGL－16M | 长沙湘仪离心机仪器有限公司 |
| 6 | 叶绿素仪 | SPAD－502 | 日本岛津公司 |
| 7 | 电热恒温培养箱 | DHP－9162 | 上海恒一科技公司 |
| 8 | 立式压力蒸汽灭菌器 | LS－B75－I | 江阴滨江医疗设备厂 |
| 9 | 扫描电镜 | FEI QUANTA200 | FEI公司 |
| 10 | 电热鼓风干燥箱 | 101－1A | 天津泰斯特公司 |
| 11 | Ultra 超纯水系统 | Ultra pure | 上海和泰仪器有限公司 |
| 12 | 水平流洁净工作台 | HS－1300 | 苏州工业园区鸿基洁净科技有限公司 |
| 13 | 智能光照培养箱 | GXZ－300C | 宁波江南仪器厂 |
| 14 | 环境温湿度记录仪 | WSL－3 | 北京凯维丰科技公司 |
| 15 | 低温冰箱 | DW－FW351 | 美菱公司 |

# 后 记

　　本书由何旭升、鲁一晖、马敬、廖宏骞和冀建疆共同编撰完成。第1章由广西柳州水利电力勘测设计研究院廖宏骞负责编写；第2章由中国水利水电科学研究院何旭升和广西柳州水利电力勘测设计研究院廖宏骞共同负责编写；第3章由中国水利水电科学研究院何旭升负责编写；第4.1～4.4节由新疆生产建设兵团勘测规划设计研究院马敬负责编写；第4.5～4.7节、第5章由水利部水利水电规划设计总院冀建疆负责编写；第6章由广西柳州水利电力勘测设计研究院廖宏骞负责编写；本书参考文献、附录的整理及后记撰写由中国水利水电科学研究院何旭升负责；全书统稿及审核工作由鲁一晖负责。

　　本书的试验设计、实施和撰写是在逄勇教授的悉心指导下完成的。逄勇教授高效的工作效率、一丝不苟的工作作风和敏锐的创新思维皆是我们学习的榜样。

　　感谢章青教授和鲁一晖教授级高工在结构与材料方面的指导。章青教授严谨的治学态度和鲁一晖博士的远见卓识让我们心存敬佩！

　　作为"生态水工学关键技术研究"课题组成员，感谢大课题组组长董哲仁先生对我们的启发，每次与这位知识渊博、平易近人的长者的交谈，都会让我们在治学之道和为人之道上有所顿悟。同时还要感谢课题组成员李文奇博士、彭静博士、孙东亚博士、王东胜博士、杜强博士和赵进勇硕士，与不同专业学者的交流使我们眼界拓展，受益匪浅。

　　本书的试验设计、实施和论文撰写得到了李文奇博士的悉心指导。亦师、亦兄、亦友，五年的共事中，李博士的幽默和鼓励使我们在求学路上保持乐观而自信。同时还要感谢郝桂玲博士、马锋玲硕士、王少江硕士和王文玉硕士生在试验方面给予的大力协助和支持。

何旭升

2015 年 8 月于北京